工业机器人
设计与实例详解

GONGYE JIQIREN SHEJI YU SHILI XIANGJIE

曹胜男　朱冬　祖国建　编著

化学工业出版社
·北京·

本书将在介绍工业机器人基本分类、工作原理与用途的基础上，给出了机器人设计的整体思路和设计方法；同时，通过列举实例，重点介绍了工业机器人机械系统设计、驱动系统设计、控制系统设计、感觉系统设计、编程设计、示教与再现等方面的要求与实现方法，最后通过喷涂机器人、焊接机器人、装配机器人等几个典型实例详细说明不同功能机器人的整体结构特点与设计、实现方法。

本书实用性与可参考性强，可为从事工业机器人设计、操作与维护相关工作的工程技术人员提供帮助，也可供大学院校机电专业、机器人专业的师生学习参考。

图书在版编目(CIP)数据

工业机器人设计与实例详解/曹胜男，朱冬，祖国建编著. —北京：化学工业出版社，2019.2（2022.9 重印）

ISBN 978-7-122-33450-3

Ⅰ.①工… Ⅱ.①曹…②朱…③祖… Ⅲ.①工业机京盛通数码印刷有限公司器人-研究 Ⅳ.①TP242.2

中国版本图书馆 CIP 数据核字（2018）第 286471 号

责任编辑：刘丽宏　　文字编辑：陈　喆

责任校对：宋　玮　　装帧设计：韩　飞

出版发行：化学工业出版社(北京市东城区青年湖南街 13 号　邮政编码 100011)

印　　装：北京盛通数码印刷有限公司

710mm×1000mm　1/16　印张 11½　字数 217 千字

2022 年 9 月北京第 1 版第 5 次印刷

购书咨询：010-64518888　　售后服务：010-64518899

网　　址：http://www.cip.com.cn

凡购买本书，如有缺损质量问题，本社销售中心负责调换。

定　　价：49.00 元

版权所有　违者必究

前言

工业机器人技术是近年来新技术发展的重要领域之一，是以微电子技术为主导的多种新兴技术与机械技术交叉、综合而成的一种综合性高新技术，它涉及计算机科学、机械学、电子学、自动控制、人工智能等多个学科。工业机器人从出现到现在的短短几十年中，已经广泛地应用于国民经济的各个领域，成为现代工业生产不可或缺的好帮手，在提高产品质量、加快产品更新、提高生产效率、促进制造业的柔性化、增强企业和国家的竞争力等方面都发挥着举足轻重的地位，且在航空航天、海底探险、核工业中完成了人类难以完成的工作。因此，工业机器人技术不但在许多学校被列为机电一体化专业的必修课程，而且也成为广大工程技术人员和机电爱好者迫切需要掌握的知识。

近年来，越来越多的国内企业在生产中采用了工业机器人，各种机器人生产厂家的销售量都有大幅度的提高。据调查，我国已有几百余家工业机器人制造企业和系统集成企业，但其中88%是系统集成企业，全产业链机器人制造商还不多。中高端驱动器、减速器、控制器等核心元器件还需从国外进口。可以预见，中国的工业机器人产业将会在国民经济中占据重要的地位，工业机器人技术也正因此吸引了越来越多的不同专业背景的科研技术人员开展深入研究。

目前，关于机器人实际操作和应用的知识只能依赖于各种商业机器人产品的用户手册。所以编写一本兼顾理论与实践操作的工业机器人教材就显得十分必要了。

本书主要内容包括工业机器人的基础知识、工业机器人机械系统、电动机驱动、运动学计算、控制技术、传感器、轨迹规划与编程操作及其应用等。并结合实验教学使学生从机器人实体和实际工程应用两方面对所学知识进行消化理解，以提升教学效果。

本书由娄底职业技术学院曹胜男、朱冬老师和长沙民政职业技术学院祖国建教授编写。 在编写过程中，参考了有关机器人方面的论著、资料，在此一并对其作者表示衷心的感谢。

由于编者水平有限，书中内容难免存在不足之处，恳请读者给予批评指正。

编著者

目 录

第 7 章　示教与再现　118

第 8 章　典型工业机器人设计实例　129

第1章 工业机器人概论

1.1 工业机器人的定义及工作原理

1.1.1 工业机器人的定义

工业机器人一般指在工厂车间环境中为配合自动化生产的需要，代替人来完成材料的搬运、加工、装配等操作的一种机器人。能代替人完成搬运、加工、装配功能的工作可以是各种专用的自动机器，但是使用机器人则是为了利用它的柔性自动化功能，以达到最高的技术经济效益。有关工业机器人的定义有许多不同说法，通过比较这些定义，可以对工业机器人的主要功能有更深入的了解。

(1) 工业机器人协会（JIRA）对工业机器人的定义

工业机器人是“一种装备有记忆装置和末端执行装置的、能够完成各种移动来代替人类劳动的通用机器”。它又分以下两种情况来定义：

① 工业机器人是“一种能够执行与人的上肢类似动作的多功能机器”。

② 智能机器人是“一种具有感觉和识别能力，并能够控制自身行为的机器”。

(2) 美国机器人协会（RIA）对工业机器人的定义

机器人是“一种用于移动各种材料、零件、工具或专用装置的，通过程序动作来执行各种任务，并具有编程能力的多功能操作机”。

(3) 国际标准化组织（ISO）对工业机器人的定义

机器人是“一种自动的、位置可控的、具有编程能力的多功能操作机，这种操作机具有几个轴，能够借助可编程操作来处理各种材料、零件、工具或专用装置，以执行各种任务”。

以上定义的各种机器人实际上均指操作型工业机器人。实际工业机器人是面向工业领域的多关节机械手或多自由度的机器人。工业机器人是自动执行工作的机器装置，是靠自身动力和控制能力来实现某种功能的一种机器。它可以接受人类指挥，也可以按预先编排的程序运行，现代的工业机器人还可以根据人工智能技术制定的原则纲领行动。为了达到其功能要求，工业机器人的功能组成中应该有以下几个部分：

① 为了完成作业要求，工业机器人应该具有操作末端执行器的能力，并能正确控制其空间位置、工作姿态及运行程序和轨迹。

② 能理解和接受操作指令，把这种信息指令记忆、存储，并通过其操作臂各关节的相应运动复现出来。

③ 能和末端执行器（如夹持器或其他操作工具）或其他周边设备（加工设备、工位器具等）协调工作。

1.1.2 工业机器人工作原理

机器人系统实际上是一个典型的机电一体化系统，其工作原理为：控制系统发出动作指令，控制驱动器动作，驱动器带动机械系统运动，使末端操作器到达空间某一位置和实现某一姿态，实施一定的作业任务。末端操作器在空间的实时位姿由感知系统反馈给控制系统，控制系统把实际位姿与目标位姿相比较，发出下一个动作指令，如此循环，直到完成作业任务为止。

1.2 工业机器人的组成及分类

1.2.1 工业机器人的组成

工业机器人由三大部分六个子系统组成。这三大部分是机械部分、传感部分、控制部分。六个子系统是驱动系统、机械结构系统、感觉系统、机器人-环境交互系统、人机交互系统、控制系统，如图 1-1 所示。其中传感部分包括感觉系统和机器人-环境交互系统，控制部分由人机交互系统和控制系统构成，机械部分则包括驱动系统和机械结构系统。六个子系统的作用分述如下。

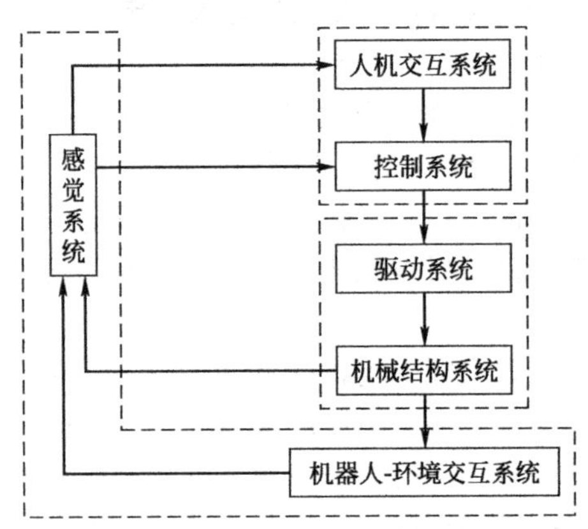

图 1-1 机器人系统组成

（1）驱动系统

要使机器人运行起来需给各个关节即每个运动自由度安置传动装置，这就是驱动系统。驱动系统可以是液压、气压或电动的，也可以是把它们结合起来应用的综合系统。可以直接驱动，还可以通过同步带、链条、轮系、谐波齿轮等机械传动机构进行间接驱动。

（2）机械结构系统

工业机器人的机械结构系统由机身、手臂、手腕、末端操作器四大件组成，如图 1-2 所示。每一个大件都有若干自由度，构成一个多自由度的机械系统。若基座具备行走机构便构成行走机器人；若基座不具备行走及腰转机构，则构成单机器人臂（single robot arm）。手臂一般由上臂、下臂和手腕组成。末端操作器是直接装在手腕上的一个重要部件，它可以是二手指或多手指的手爪，也可以是喷漆枪、焊具等作业工具。

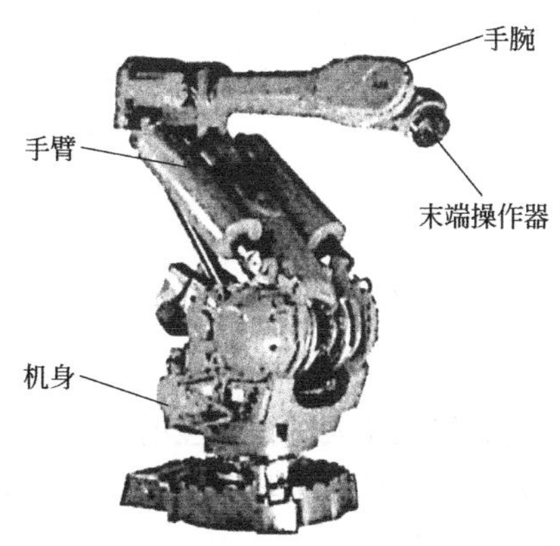

图 1-2　工业机器人机械结构系统

（3）感受系统

感受系统由内部传感器和外部传感器组成，获取内部和外部环境状态中有意义的信息。现也可以应用智能传感器提高机器人的机动性、适应性和智能化的水平。人类的感受系统对感知外部世界信息是极其敏感的。但是，对于一些特殊的信息，机器人传感器比人类的感受系统更有效、更准确。

（4）机器人-环境交互系统

机器人-环境交互系统是实现机器人与外部环境中的设备相互联系和协调的系统。工业机器人与外部设备集成为一个功能单元，如加工制造单元、焊接单元、装配单元等。当然，也可以是多台机器人、多台机床或设备、多个零件存储装置等集成一个去执行复杂任务的功能单元。图 1-3 为气缸模块化装配生产线，其中的机器人用在气缸装配作业中，该机器人需要与周围的传送带控制器、冲压机控制器进行交互，才能完成工作。

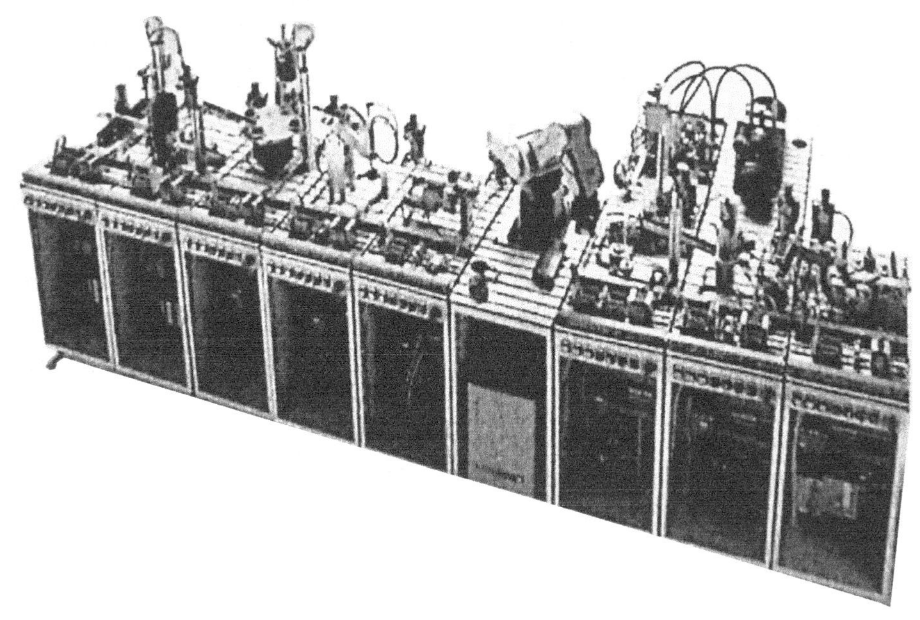

图 1-3　气缸模块化装配生产线

(5) 人机交互系统

人机交互系统是操作人员与机器人进行交互的装置，可分为两大类：指令给定装置，如示教盒、触摸屏等；信息显示装置，如显示器等。如图 1-4 所示的机器人示教盒就是一种人机交互系统。

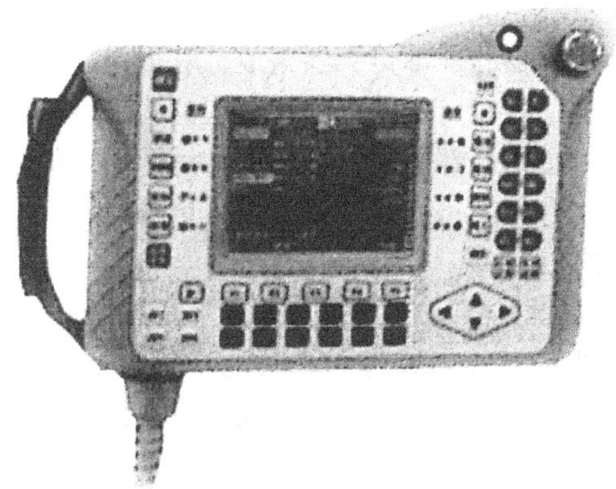

图 1-4　人机交互系统示教盒

(6) 控制系统

控制系统的任务是根据机器人的作业指令程序以及从传感器反馈回来的信号支配机器人的执行机构完成规定的运动和功能。

图 1-5 为一台典型的工业机器人系统。它包括机械部分（机器人的手指、手腕、手臂、手臂的连接部分和机座等）、执行装置（驱动机座上的机体、手臂、手指、手腕等运动的电机和电磁铁等）、能源（驱动电机的电源和驱动液压系统、气压系统的液压源和气压源）、传感器（检测旋转编码器和检速发动机等旋转角度和旋转角速度，用于检测机器人的运动）、计算机（根据来自旋转编码器或检速发电机的信号，判断机器人的当前状态，并计算和判断要达到所希望的状态或者移动到某一目标应该如何动作）。

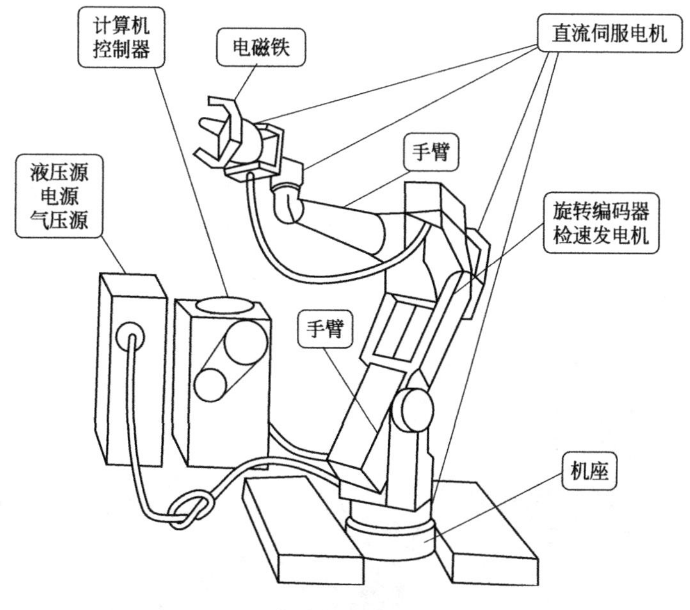

图 1-5　典型的工业机器人系统

1.2.2　机器人的分类

机器人的分类方法很多，这里依据两个有代表性的分类方法列举机器人的分类。

(1) 按照应用类型分类

机器人按照应用类型可分为工业机器人、极限作业机器人和娱乐机器人。

① 工业机器人　工业机器人有搬运、焊接、装配、喷漆、检查等机器人，主要用于现代化的工厂和柔性加工系统中，如图 1-6、图 1-7 所示。

② 极限作业机器人　极限作业机器人主要是指在人们难以进入的核电站、

图 1-6　弧焊机器人

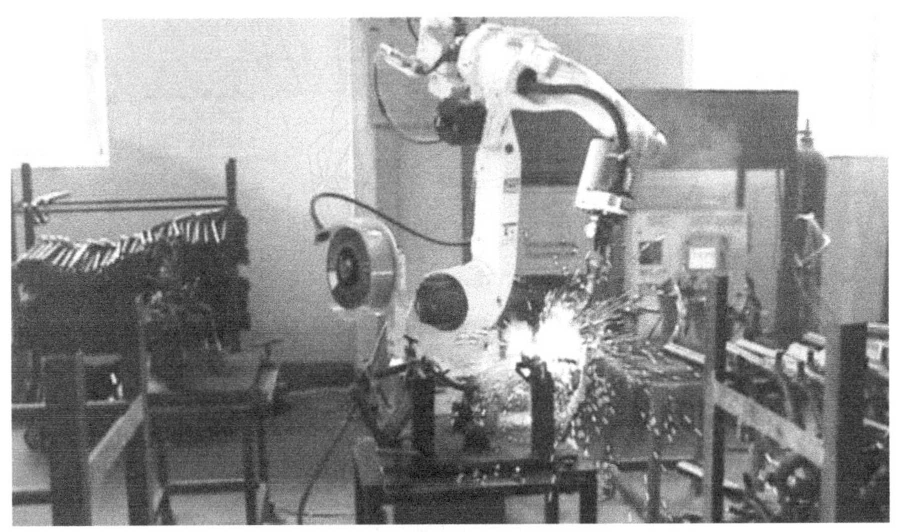

图 1-7　汽车小件焊接机器人系统

海底、宇宙空间进行作业的机器人，也包括建筑、农业机器人等，如图 1-8、图 1-9 所示。

③ 娱乐机器人　娱乐机器人包括弹奏乐器的机器人、舞蹈机器人、玩具机器人等（具有某种程度的通用性），也有根据环境而改变动作的机器人，如图 1-10、图 1-11 所示。

（2）按照控制方式分类

机器人按控制方式可分为操作机器人、程序机器人、示教再现机器人、智能机器人和综合机器人。

图 1-8　排爆机器人

图 1-9　火星探测机器人

图 1-10　宠物机器狗

图 1-11　机器小孩

① 操作机器人　操作机器人的典型代表是在核电站处理放射性物质时远距离进行操作的机器人。在这种场合，相当于人手操作的部分称为主动机械手，而从动机械手基本上与主动机械手类似，只是从动机械手要比主动机械手大一些，作业时的力量也更大。

② 程序机器人　程序机器人按预先给定的程序、条件、位置进行作业，目前大部分机器人都采用这种控制方式工作。

③ 示教再现机器人　示教再现机器人同盒式磁带的录放一样，将所教的操作过程自动记录在磁盘、磁带等存储器中，当需要再现操作时，可重复所教过的动作过程。示教方法有手把手示教、有线示教和无线示教，如图 1-12 所示。

④ 智能机器人　智能机器人不仅可以执行预先设定的动作，还可以按照工作环境的变化改变动作。

⑤ 综合机器人　综合机器人是由操作机器人、示教再现机器人、智能机器

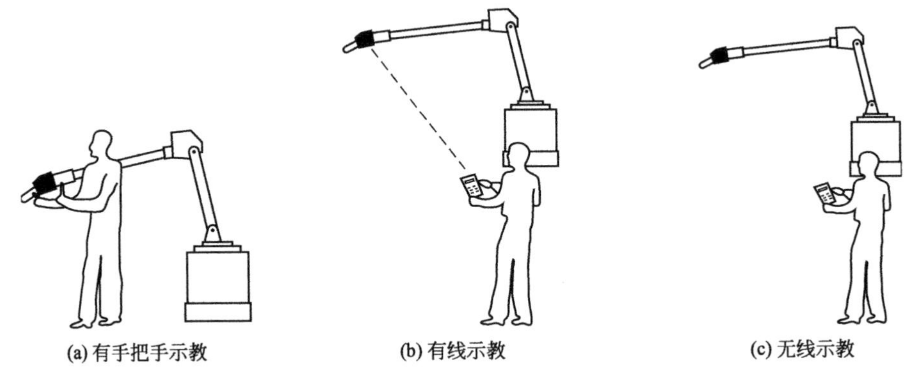

图 1-12　机器人示教

人组合而成的机器人，如火星机器人。1997 年 7 月 4 日，“火星探险者（Mars Pathfinder）”在火星上着陆，着陆体是四面体形状，着陆后三个盖子的打开状态如图 1-13 所示。它在能上、下、左、右动作的摄像机平台上装有两台 CCD 摄像机，通过立体观测而得到空间信息。整个系统可以看作是由地面指令操纵的操作机器人。

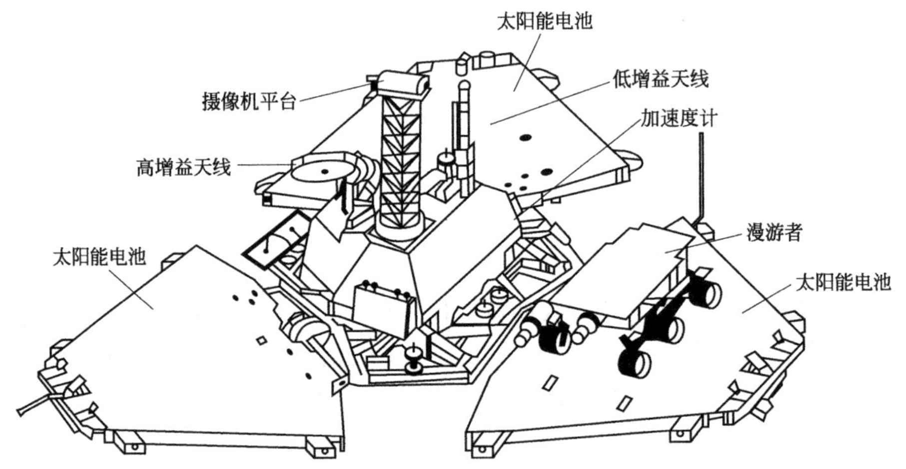

图 1-13　火星探险者

图 1-13 所示的火星机器人既可按地面上的指令移动，也能自主地移动。地面上的操纵人员通过电视可以了解火星地形，但由于电波往返一次大约需 40min，因此不能一边观测一边进行操纵。所以，要考虑火星机器人的动作程序，可用这个程序先在地面进行移动实验，如果没有问题，再把它传送到火星上，火星机器人就可再现同样的动作。该机器人不仅能移动，而且能在到达指定目标后用自身的传感器一边检测障碍物一边安全移动。

1.3 工业机器人的主要特征及表示方法

1.3.1 工业机器人的主要特征

自20世纪60年代初第一代机器人在美国问世以来，工业机器人的研制和应用便有了飞速的发展，但工业机器人最显著的特点归纳有以下几个：

(1) 可编程

生产自动化的进一步发展是柔性自动化。工业机器人可随其工作环境变化的需要而再编程，因此它在小批量多品种具有均衡高效率的柔性制造过程中能发挥很好的功用，是柔性制造系统（FMS）中的一个重要组成部分。

(2) 拟人化

工业机器人在机械结构上有类似人的行走、腰转、大臂、小臂、手腕、手爪等部分，在控制上有电脑。此外，智能化工业机器人还有许多类似人类的“生物传感器”，如皮肤型接触传感器、力传感器、负载传感器、视觉传感器、声觉传感器、语言功能等。传感器提高了工业机器人对周围环境的自适应能力。

(3) 通用性

除了专门设计的专用的工业机器人外，一般工业机器人在执行不同的作业任务时具有较好的通用性。比如，更换工业机器人手部末端操作器（手爪、工具等）便可执行不同的作业任务。

(4) 机电一体化

工业机器人技术涉及的学科相当广泛，但是归纳起来是机械学和微电子学的结合——机电一体化技术。第三代智能机器人不仅具有获取外部环境信息的各种传感器，而且还具有记忆能力、语言理解能力、图像识别能力、推理判断能力等人工智能，这些都和微电子技术的应用，特别是计算机技术的应用密切相关。因此，机器人技术的发展必将带动其他技术的发展，机器人技术的发展和应用水平也可以验证一个国家科学技术和工业技术的发展和水平。

1.3.2 工业机器人的主要特性表示方法

(1) 坐标系

工业机器人使用的坐标系符合右手定则。图1-14为工业机器人的三个坐标系。

(2) 工作空间

指工业机器人正常运行时，其手腕参考点在空间所能达到的区域，用来衡量机器人工作范围的大小。图1-15为工业机器人的工作空间。

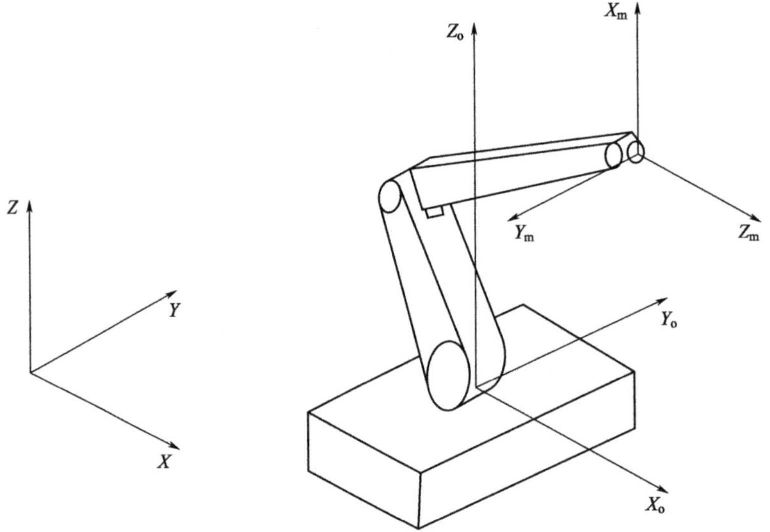

图 1-14　工业机器人的三个坐标系

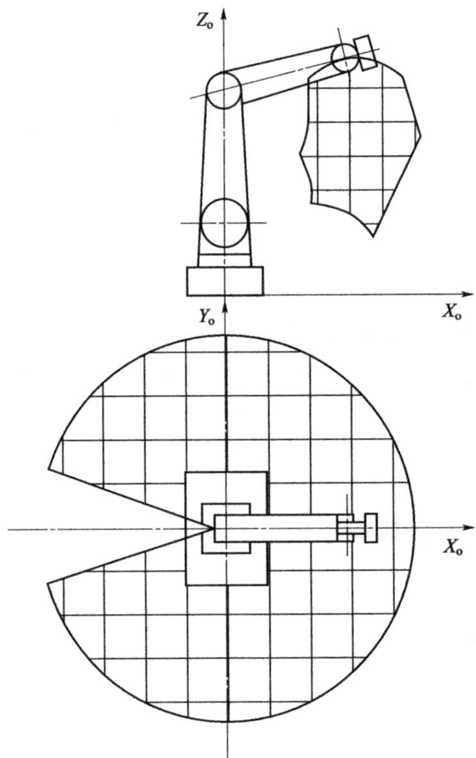

图 1-15　工业机器人的工作空间

(3) 其他特性

包括机械结构类型、用途、外形尺寸、重量、负载、速度、驱动方式、动力源、控制、编程方法、性能、分辨率和使用环境条件等。

1.4　工业机器人的技术性能

工业机器人的技术性能的主要表现技术参数即为工业机器人制造商在产品供货时所提供的技术数据。表 1-1、表 1-2 为两种工业机器人的主要技术参数。尽管各厂商提供的技术参数不完全一样，工业机器人的结构、用途等有所不同，且用户的要求也不同，但工业机器人的主要技术参数一般应包括自由度、精度、工作范围、速度、承载能力等。

表 1-1　三菱装配机 Movemaster EX RV-MI 的主要参数

项目		5 自由度,立式关节式机器人技术参数
工作空间	腰部转动	300°(最大角速度 120°/s)
	肩部转动	130°(最大角速度 72°/s)
	肘部转动	110°(最大角速度 190°/s)
	腕部俯仰	±90°(最大角速度 100°/s)
	腕部翻转	±180°(最大角速度 163°/s)
臂长	上臂	250mm
	前臂	160mm
承载能力		最大 1.2kg(包括手爪)
最大线速度		1000mm/s(腕表面)
重复定位精度		0.3mm(腕旋转中心)
驱动系统		直流伺服电机
机器人质量		约 19kg
功率消耗		J_1 到 J_3 轴:30W;J_4、J_5 轴:11W

表 1-2　PUMA562 工业机器人的主要技术参数

项目	技术参数
自由度	6
驱动	直流伺服电机

续表

项目	技术参数
手爪控制	气动
控制器	系统机
重复定位精度	±0.1mm
承载能力	4.0kg
手腕中心最大距离	866mm
直线最大速度	0.5m/s
功率要求	1150W
质量	182kg

(1) 自由度

自由度（degree of freedom）是指机器人所具有的独立坐标轴运动的数目，不应包括手爪（末端操作器）的开合自由度。例如，A4020 型装配机器人具有四个自由度，可以在印制电路板上接插电子器件；PUMA562 机器人具有六个自由度，如图 1-16 所示，可以进行复杂空间曲面的弧焊作业。从运动学的观点看，

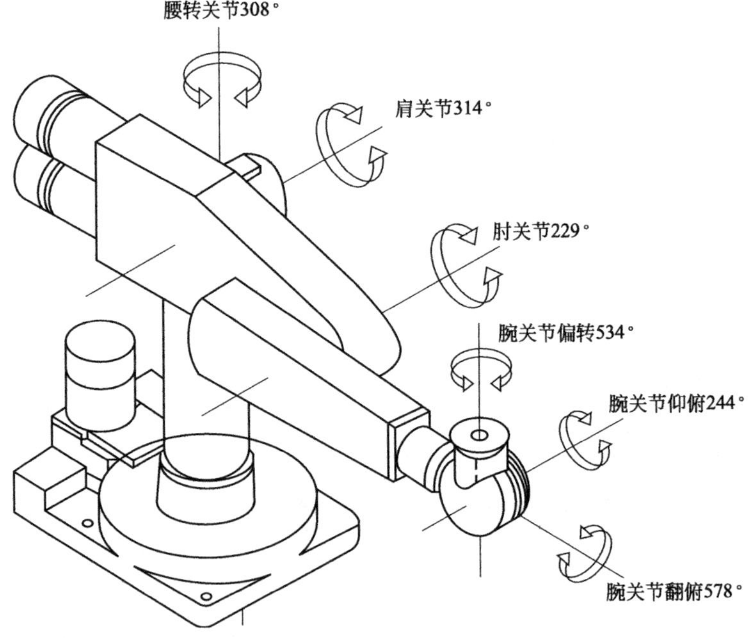

图 1-16　PUMA562 工业机器人

在完成某一种特定作业时具有多余自由度的机器人，就叫作冗余自由度机器人。例如 PUMA562 机器人去执行印制电路板上接插电子器件的作业时就成为冗余自由度机器人。利用冗余的自由度可以增加机器人的灵活性，躲避障碍物和改善动力性能。人的手臂（大臂、小臂、手腕）共有七个自由度，所以工作起来很灵巧，手部可回避障碍物，从不同方向到达同一个目的点。

无论机器人的自由度有多少，在运动形式上分为两种，直线运动（P）和旋转运动（R），如 RPRR 表示四个运动自由度，从基座到臂端，关节的运动方式为旋转—直线—旋转—旋转。

(2) 精度

工业机器人精度（accuracy）是指定位精度和重复定位精度。定位精度是指机器人手部实际到达位置与目标位置之间的差异。重复定位精度是指机器人重复定位其手部于同一目标位置的能力，可以用标准偏差来表示，它是衡量一列误差值密集度的统计量，即重复度，如图 1-17 所示。

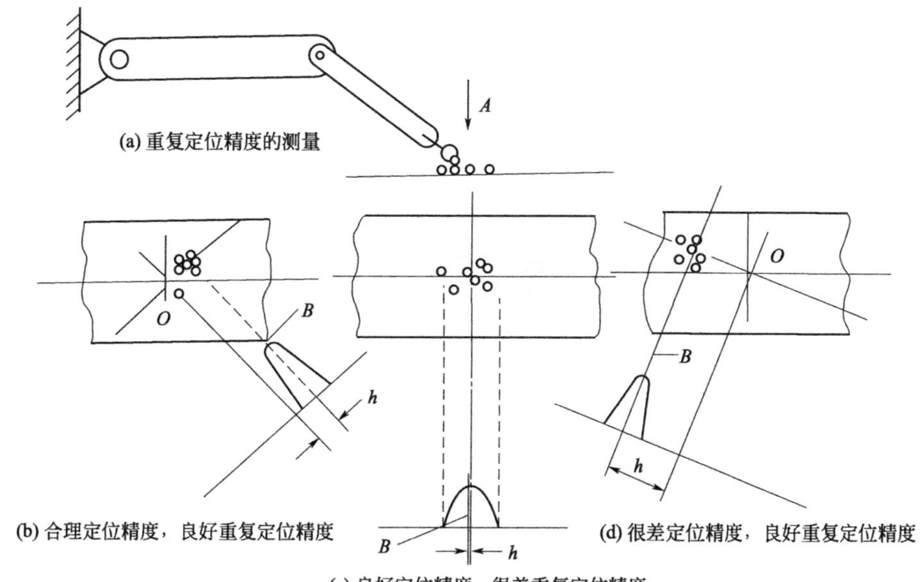

图 1-17　工业机器人定位精度和重复定位精度的典型情况

(3) 工作范围

工作范围（work space）是指机器人手臂末端或手腕中心所能到达的所有点的集合。因为末端操作器的尺寸和形状是多种多样的，为了真实反映机器人的特征参数，所以这个性能是指不安装末端操作器时的工作区域。工作范围的形状和大小是十分重要的，机器人在执行作业时可能会因为存在手部不能达到的作业死区（dead zone）而不能完成任务。图 1-18 和图 1-19 分别为 PUMA 机器人和

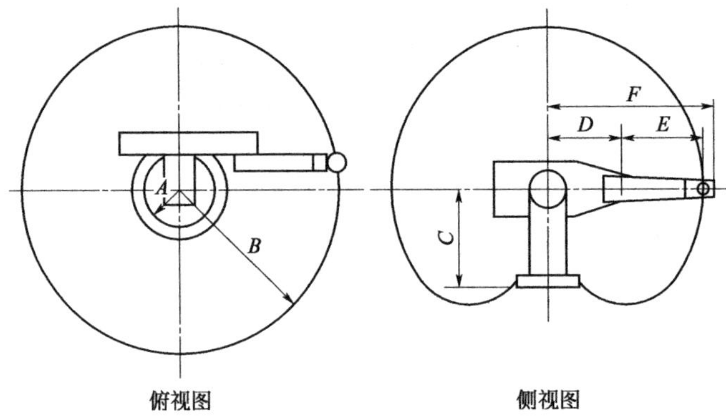

图 1-18　PUMA 工业机器人的工作范围

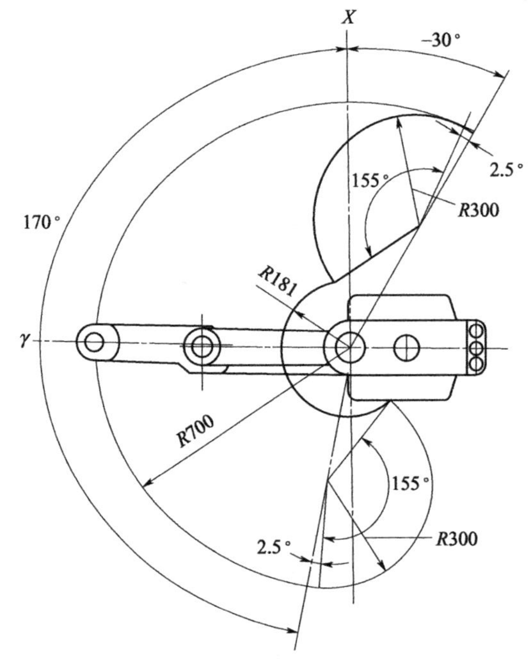

图 1-19　A4020 型 SCARA 机器人的工作范围

A4020 机器人的工作范围。

(4) 速度

速度（speed）和加速度是表明机器人运动特征的主要指标。说明书中通常提供了主要运动自由度的最大稳定速度，但在实际应用中单纯考虑最大稳定速度是不够的。这是因为由于驱动器输出功率的限制，从启动到达最大稳定速度或从最大稳定速度到停止，都需要一定时间。如果最大稳定速度高，允许的极限加速度小，则加减速的时间就会长一些，对应用而言有效速度就要低一些。反之，如果最大稳定速度低，允许的极限加速度大，则加速度的时间就会短一些，有利于有效速度的提高。但如果加速或减速过快，有可能引起定位时超调或振荡加剧，使得到达目标位置后需要等待振荡衰减的时间增加，也可能使有效速度反而降低。所以考虑机器人运动特性时，除注意最大稳定速度外，还应注意其最大允许的加减速度。

(5) 承载能力

承载能力（payload）是指机器人在工业范围内的任何位姿上所有承受的最大质量。承载能力不仅取决于负载的质量，而且还与机器人运行的速度和加速度的大小和方向有关。为了安全起见，承载能力这一技术指标是指高速运行时的承载能力。通常，承载能力不仅指负载，而且还包括了机器人末端操作器的质量。图1-20为三菱装配机器人在不带末端操作器时的承载能力。图1-21为三菱装配

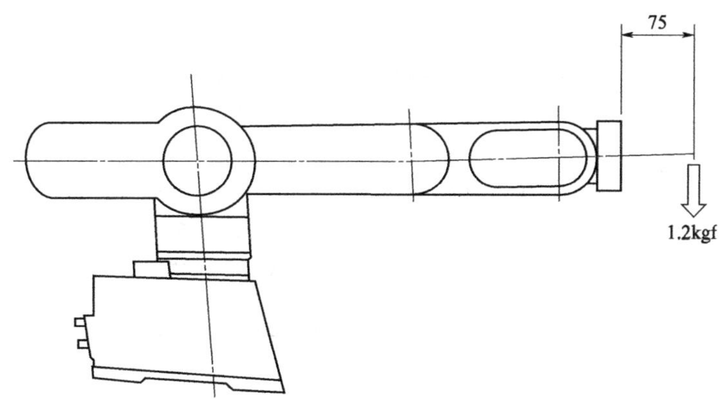

图1-20　三菱装配机器人在不带末端操作器时的承载能力（1kgf=9.80665N）

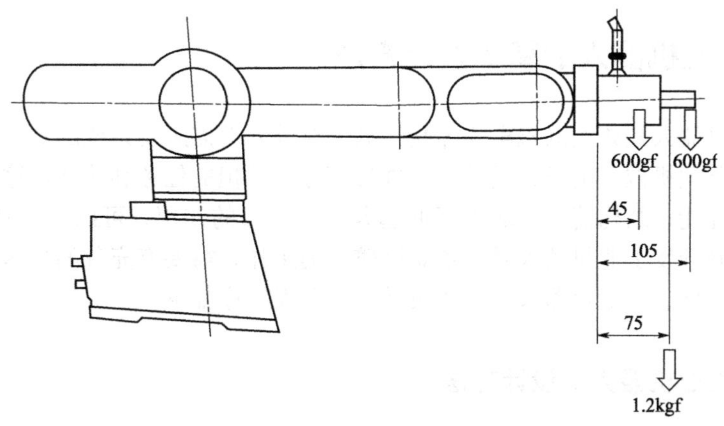

图1-21　三菱装配机器人在带电动手爪时的承载能力（1gf=0.098N）

机器人在带电动手爪时的承载能力。

机器人有效负载的大小除受到驱动器功率的限制外，还受到杆件材料极限应力的限制，因而，它又和环境条件（如地心引力）、运动参数（如运动速度、加速度以及它们的方向）有关。如图 1-22 所示，操作臂额定可搬运的质量为 14500kg，在运动速度较低时能达到 29500kg。然而这种负荷能力只是太空中失重条件下才有可能达到。在地球上，该手臂本身的质量达 410kg，连自重引起的臂杆变形都无法承受，更谈不上可搬运质量的问题了。

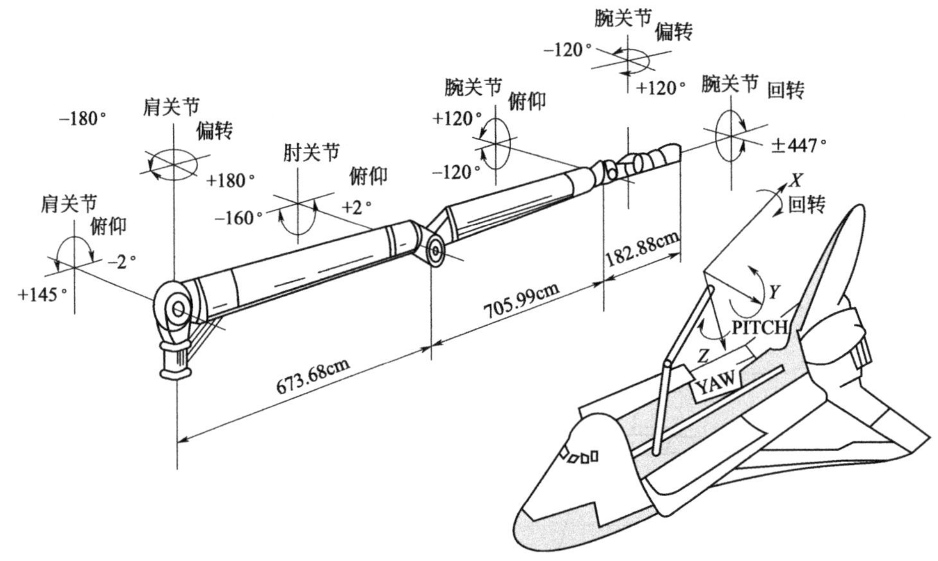

图 1-22　航天飞机上的操作臂

1.5　工业机器人的基本设计方法

工业机器人是典型的机电一体化产品，对其开发需采用系统的观点，立足全局，合理分配机械、电子、硬件、软件各部分所承担的任务和功能，这对提高系统的整体性能、结构简化、成本降低起着举足轻重的作用，可以实现功能互补。因此，研制开发工业机器人是一项难度较大的工作，需要有充分的技术准备与一定的物质条件。一般机器人的总体设计及其开发顺序如下。

1.5.1　工业机器人的设计方法

由前述工业机器人工作原理分析可知，工业机器人与机床在基本功能和基本工作原理上有相似之处，但其特征及要求不同。

从设计方法上看，工业机器人的设计方法与机床设计方法基本相通，但其具体的设计内容、设计要求及设计技术又有很大差别。

工业机器人总体方案的设计方法也可以分为分析式设计方法和创成式设计方法。

1.5.2　工业机器人设计内容与步骤

(1) 总体设计

① 基本技术参数设计

a. 用途，如搬运、点焊等。

b. 额定负载。额定负载是指在机器人规定的性能范围内，机械接口处所能承受负载的允许值，由机器人末端执行器的质量、抓取工件的质量及惯性力（矩）、外界的作用力（矩）来确定。

c. 按作业要求确定工作空间，要考虑作业对象对机器人末端执行器的位置和姿态要求，以便为后续方案设计中的自由度设计提供依据。

d. 额定速度。指工业机器人在额定负载、匀速运动过程中，机械接口中心的最大速度。由于机器人的总体结构尚未设计，故该阶段只能概略估计。

e. 驱动方式的选择。

f. 性能指标。

② 总体方案设计

a. 运动功能方案设计。该阶段的主要任务是设计确定机器人的自由度数、各关节运动的性质及排列顺序、在基准状态时各关节轴的方向。

b. 传动系统方案设计。根据动力及速度参数、驱动方式等选择传动方式和传动元件。

c. 结构布局方案。根据机器人的工作空间、运动功能方案及传动方案，确定关节的形式、各构件的概略形状和尺寸。

d. 参数设计。确定在基本技术参数设计阶段尚无法考虑的一些参数，如单轴速度、单轴负载、单轴运动范围等。该项工作应与结构布局方案设计工作交叉进行。

e. 控制系统方案设计。近期设计的工业机器人基本上都采用计算机控制系统。

f. 总体方案评价。

(2) 详细设计

详细设计内容包括装配图设计、零件图设计和控制系统设计。

(3) 总体评价

总体设计阶段所得的设计结果是各构件及关节的概略形状及尺寸，通过详细设计将其细化了，而且总体设计阶段尚未考虑的细节也具体化了，因此各部分尺寸会有一些变化，需要对设计进行总体评价，检测其是否能满足所需设计指标的要求。

第 2 章　工业机器人机械结构系统设计

工业机器人机械结构系统是机器人的支承基础和执行机构，计算、分析和编程的最终目的是要通过本体的运动和动作完成特定的任务。机械结构系统设计是机器人设计的一个重要内容，其结果直接决定着机器人工作性能的好坏。工业机器人不同于其他自动化专业设备，在设计上具有较大的灵活性。不同应用领域的工业机器人在机械结构系统设计上的差异较大，因此它们的使用要求是工业机器人机械系统设计的基本出发点。

本章主要对工业机器人的传动机构、机身、臂部结构、腕部结构、手部结构、行走机构等方面的内容进行介绍，并着重对当前流行的 SCARA 机器人的机械结构系统进行实例分析。

2.1　工业机器人总体设计

工业机器人的设计过程是跨学科的综合设计过程，涉及机械设计、传感技术、计算机应用、自动控制等多方面内容。在设计工业机器人时要从总体出发研究工业机器人各个组成部分之间及外部环境之间的相互关系。

机器人总体设计一般分为系统设计和技术设计两大步骤。

2.1.1　系统设计

机器人是实现生产过程自动化、提高劳动生产率的一种有力工具。要使一个生产过程实现自动化，需要对各种机械化、自动化装置进行综合的技术和经济分析，以确定使用的机器人是否合适。确定使用机器人，设计人员一般要先做好如下工作。

① 根据机器人的使用场合，明确机器人的目的和任务。

② 分析机器人所在系统的工作环境，包括机器人与已有设备的兼容性。

③ 认真分析系统的工作要求，确定机器人的基本功能和方案，如机器人的自由度数目、信息的存储容量、计算机功能、动作速度、定位精度、抓取质量、容许的空间结构，以及温度、振动等环境条件的适用性。再进一步根据被抓取、

搬运物体的质量、形状、尺寸及生产批量等情况，确定机器人末端操作器的形式及抓取工件的部位和握力大小。

④ 进行必要的调查研究，搜集国内外的有关技术资料，进行综合分析，找出可借鉴之处，了解设计过程中需要注意的问题。

2.1.2 技术设计

(1) 机器人基本参数的确定

在系统分析的基础上，具体确定机器人的自由度数目、作业范围、承载能力、运动速度及定位精度等基本参数。

① 自由度数目的确定　自由度是机器人的一个重要技术参数，由机器人的机械结构形式决定。在三维空间中描述一个物体的位置和姿态（简称位姿）需要六个自由度。但是，机器人的自由度是根据其用途而设计的，可能少于六个自由度，也可能多于六个自由度。例如 A4020 型装配机器人具有四个自由度，可以在印制电路板上接插电子器件；三菱重工的 PA-10 型机器人具有七个自由度，可以进行全方位打磨工作。在满足机器人工作要求的前提下，为简化机器人的结构和控制，应使自由度数且最少。工业机器人的自由度一般为四至六个。自由度数目的选择也与生产要求有关。如果生产批量大、操作可靠性要求高、运行速度快、周围设备构成比较复杂、所抓取的工件质量较小，机器人的自由度数目可少一些；如果要便于产品更换、增加柔性，则机器人的自由度数目要多一些。

② 作业范围的确定　机器人的作业范围需根据工艺要求和操作运动的轨迹来确定。一条运动轨迹往往是由几个动作合成的。在确定作业范围时，可将运动轨迹分解成单个动作，由单个动作的行程确定机器人的最大行程。为便于调整，可适当加大行程数值。各个动作的最大行程确定之后，机器人的作业范围也就定下来了。但要注意的是，作业范围的形状和尺寸会影响机器人的坐标形式、自由度数目、各手臂关节轴线间的距离和各关节轴转角的大小及变动范围。作业范围大小不仅与机器人各杆件的尺寸有关，而且与它的总体构形有关。在作业范围内要考虑杆件自身的干涉，也要防止构件与作业环境发生碰撞。此外，还应注意在作业范围内某些位置（如边界）机器人可能达不到预定的速度，甚至不能在某些方向上运动，即所谓作业范围的奇异性。

③ 运动速度的确定　确定机器人各动作的最大行程之后，可根据生产需要的工作节拍分配每个动作的时间，进而确定完成各动作时机器人的运动速度。如两个机器人要完成某一工件的上料过程，需完成夹紧工件及手臂升降、伸缩、回转等一系列动作，这些动作都应该在工作节拍所规定的时间内完成。至于各动作的时间究竟应如何分配，则取决于很多因素，不是通过一般的计算就能确定的。要根据各种因素反复考虑，并试制订各动作的分配方案，比较动作时间的平衡后

才能确定。节拍较短时，更需仔细考虑。机器人的总动作时间应小于或等于工作节拍。如果两个动作同时进行，要按时间较长的计算。一旦确定了最大行程的动作时间，其运动速度也就确定下来了。

④ 承载能力的确定　承载能力指机器人在工作范围内的任何位姿上所能承受的最大质量。目前，对专用机械手来说，其承载能力主要根据被抓取物体的质量来定，其安全系数一般可在1.5～3.0之间选取。对工业机器人来说，臂力要根据被抓取、搬运物体的质量的变化范围来确定。

⑤ 定位精度的确定　机器人的定位精度是根据使用要求确定的，而机器人本身所能达到的定位精度则取决于机器人的定位方式、运动速度、控制方式、臂部刚度、驱动方式、所采取的缓冲方式等因素。

工艺过程的不同对机器人重复定位精度的要求也不同。不同工艺过程所要求的定位精度如表2-1所示。

表2-1　不同工艺过程要求的定位精度

工艺过程	定位精度
金属切削机床上、下料	±(0.05～1.00)mm
冲床上、下料	±1mm
点焊	±1mm
模锻	±(0.1～2.0)mm
喷涂	±3mm
装配、测量	±(0.01～0.50)mm

当机器人达到所要求的定位精度有困难时，可采用辅助工、夹具协助定位，即机器人把被抓取物体先送到工、夹具进行粗定位，然后利用工、夹具的夹紧动作实现工件的最后定位。采用这种办法既能保证工艺要求，又可降低机器人的定位要求。

(2) 机器人运动形式的选择

根据主要的运动参数选择运动形式是机械结构设计的基础。常见机器人的运动形式有直角坐标型、圆柱坐标型、球（极）坐标型、关节坐标型和SCARA型五种。为适应不同生产工艺的需要，同一种运动形式的机器人可采用不同的结构。具体选用哪种形式，必须根据工艺要求、工作现场、位置以及搬运前后工件中心线方向的变化等情况分析比较、择优选取。

为了满足特定工艺要求，专用的机械手一般只要求有二至三个自由度，而通用机器人必须具有四至六个自由度，以满足不同产品的不同工艺要求。所选择的运动形式，在满足需要的情况下，应以使自由度最少、结构最简单为宜。

(3) 拟订检测传感系统框图

确定机器人的运动形式后，还需拟订检测传感系统框图，选择合适的传感器，以便在进行结构设计时考虑安装位置。关于传感器的内容将在后面章节中介绍。

(4) 确定控制系统总体方案，绘制框图

按工作要求选择机器人的控制方式，确定控制系统类型，设计计算机控制硬件电路并编制相应控制软件。最后确定控制系统总体方案，绘制出控制系统框图，并选择合适的电气元件。

(5) 机械结构设计

确定驱动方式，选择运动部件和设计具体结构，绘制机器人总装图及主要零部件图。

2.2 工业机器人传动机构设计

工业机器人传动机构，也是驱动机构，主要用于把驱动元件的运动传递到机器人的关节和动作部位。按实现的运动方式，驱动机构可分为直线驱动机构和旋转驱动机构两种。驱动机构的运动可以由不同的驱动方式来实现。

2.2.1 驱动方式

机器人常用的驱动方式主要有液压驱动、气压驱动和电气驱动三种基本类型。工业机器人出现的初期，由于其大多采用曲柄机构和连杆机构等，所以较多使用液压与气压驱动方式。但随着对机器人作业速度要求越来越高，以及机器人的功能日益复杂化，目前采用电气驱动的机器人所占比例越来越大。但在需要功率很大的应用场合，或运动精度不高、有防爆要求的场合，液压、气压驱动仍应用较多。

(1) 液压驱动方式

液压驱动的特点是功率大，结构简单，可省去减速装置，能直接与被驱动的杆件相连，响应快，伺服驱动具有较高的精度，但需要增设液压源，而且易产生液体泄漏，故目前多用于特大功率的机器人系统。

液压驱动有以下几个优点：

① 液压容易达到较高的单位面积压力（常用油压为 2.5～6.3MPa），液压设备体积较小，可以获得较大的推力或转矩。

② 液压系统介质的可压缩性小，系统工作平稳可靠，并可得到较高的位置精度。

③ 在液压传动中，力、速度和方向比较容易实现自动控制。

④ 液压系统采用油液作介质，具有防锈蚀和自润滑性能，可以提高机械效率，系统的使用寿命长。

液压驱动的不足之处如下：

① 油液的黏度随温度变化而变化，会影响系统的工作性能，且油温过高时容易引起燃烧爆炸等危险。

② 液体的泄漏难以克服，要求液压元件有较高的精度和质量，故造价较高。

③ 需要相应的供油系统，尤其是电液伺服系统要求严格的滤油装置，否则会引起故障。

(2) 气压驱动方式

气压驱动的能源、结构都比较简单，但与液压驱动相比，同体积条件下功率较小，而且速度不易控制，所以多用于精度不高的点位控制系统。

与液压驱动相比，气压驱动的优点如下：

① 压缩空气黏度小，容易达到高速（1m/s）。

② 利用工厂集中的空气压缩机站供气，不必添加动力设备，且空气介质对环境无污染，使用安全，可在易燃、易爆、多尘埃、强磁、辐射、振动等恶劣工作环境中工作。

③ 气动元件工作压力低，故制造要求也比液压元件低，价格低廉。

④ 空气具有可压缩性，使气动系统能够实现过载自动保护，提高了系统的安全性和柔软性。

气压驱动的不足之处如下：

① 压缩空气常用压力为 0.4～0.6MPa，若要获得较大的动力，其结构就要相对增大。

② 空气压缩性大，工作平稳性差，速度控制困难，要实现准确的位置控制很困难。

③ 压缩空气的除水是一个很重要的问题，处理不当会使钢类零件生锈，导致机器失灵。

④ 排气会造成噪声污染。

(3) 电气驱动

电气驱动是指利用电动机直接或通过机械传动装置来驱动执行机构，其所用能源简单，机构速度变化范围大，效率高，速度和位置精度都很高，且具有使用方便、噪声低和控制灵活等特点。电气驱动在机器人中得到了广泛的应用。

根据选用电动机及配套驱动器的不同，电气驱动系统大致分为步进电动机驱动系统、直流伺服电动机驱动系统和交流伺服电动机驱动系统等。步进电动机多为开环控制，控制简单但功率不大，多用于低精度、小功率机器人系统；直流伺服电动机易于控制，有较理想的机械特性，但其电刷易磨损，且易形成火花；交流伺服电动机结构简单，运行可靠，没有电刷等易磨损元件，外形尺寸小，能在重载下高速运行，加速性能好，能实现动态控制与平滑运动，但控制较复杂。目前，常用的交流伺服电动机有交流永磁伺服电动机、感应异步电动机、无刷直流电动机等。交流伺服电动机已逐渐成为机器人的主流驱动方式。

2.2.2 直线驱动机构

机器人采用的直线驱动方式包括直角坐标结构的 X、Y、Z 三个方向的驱动，圆柱坐标结构的径向驱动和垂直升降驱动，以及极坐标结构的径向伸缩驱动。直线运动可以直接由气压缸或液压缸和活塞产生，也可以采用齿轮齿条、丝杠、螺母等传动元件由旋转运动转换而得到。

(1) 齿轮齿条装置

通常齿条是固定不动的。当齿轮转动时，齿轮轴连同拖板沿齿条方向做直线运动。这样，齿轮的旋转运动就转换成为拖板的直线运动。拖板是由导杆或导轨支承的。该装置的回转误差较大。

(2) 普通丝杠

普通丝杠驱动采用了一个旋转的精密丝杠，它驱动一个螺母沿丝杠轴向移动，从而将丝杠的旋转运动转换成螺母的直线运动。由于普通丝杠的摩擦力较大，效率低，惯性大，在低速时容易产生爬行现象，精度低，回差大，所以在机器人中很少采用。

(3) 滚珠丝杠

在机器人中经常采用滚珠丝杠，这是因为滚珠丝杠的摩擦力很小且运动响应速度快。由于滚珠丝杠螺母的螺旋槽里放置了许多滚珠，丝杠在传动过程中所受的是滚动摩擦力，摩擦力较小，因此传动效率高，同时可消除低速运动时的爬行现象。在装配时施加一定的预紧力，可消除回转误差。

滚珠丝杠里的滚珠从钢套管中出来，进入经过研磨的导槽，转动 2～3 圈以后，返回钢套管。滚珠丝杠的传动效率可以达到 90%，所以只需要使用极小的驱动力，并采用较小的驱动连接件，就能够传递运动。通常，人们还使用两个背靠背的双螺母对滚珠丝杠进行预加载，以消除丝杠和螺母之间的间隙，提高运动精度。

(4) 液压（气压）缸

液压（气压）缸是将液压泵（空气压缩机）输出的压力能转换为机械能并做直线往复运动的执行元件，使用液压（气压）缸可以很容易地实现直线运动。液压（气压）缸主要由缸筒、缸盖、活塞、活塞杆和密封装置等部件构成，活塞杆和缸筒采用精密滑动配合，压力油（压缩空气）从液压（气压）缸一端进去，把活塞推向液压（气压）缸的另一端，从而实现直线运动。通过调节进入液压（气压）缸液压油（压缩空气）的流动方向和流量，可以控制液压（气压）的流动方向和流量，还可以控制液压（气压）缸的运动方向和速度。

早期的许多机器人都是采用由伺服阀控制的液压缸产生直线运动的。液压缸功率大，结构紧凑。虽然高性能的伺服阀价格较贵，但采用伺服阀时不需要把旋转运动转换成直线运动，可以节省转换装置的费用。目前，高效专用设备和自动线大多采用液压驱动，因此配合其作业的机器人可直接使用主设备的动力源。

2. 2. 3　旋转驱动机构

多数普通电动机和伺服电动机都能够直接产生旋转运动，但其输出力矩比所要求力矩小，转速比所要求的转速高，因此需要采用减速机、皮带传动装置或其他运动传动机构，把较高的转速转换成较低的转速，并获得较大的力矩。有时也采用液压缸或气压缸为动力源，这就需要把直线运动转换成旋转运动。运动的传递和转换必须高效率地完成，并且不能有损于机器人系统所需要的特性，特别是定位精度、重复定位精度和可靠性。通过下列设备可以实现运动的传递和转换。

(1) 齿轮机构

齿轮机构是由两个或两个以上的齿轮组成的传动机构。它不但可以传递运动角位移和角速度，而且可以传递力和力矩。现以具有两个齿轮的齿轮机构为例，说明其中的传动转换关系。其中一个齿轮装在输入轴上，另一个齿轮装在输出轴上，可以得到输入、输出运动的若干关系式。为了简化分析，假设齿轮工作时没有能量损失，齿轮的转动惯量和摩擦力略去不计。

使用齿轮机构应注意以下两点：

① 齿轮机构的引入会减小系统的等效转动惯量，从而使驱动电动机的响应时间缩短，这样，伺服系统就更加容易控制。由式(2-1) 可知，输出轴的转动惯量转换到驱动电动机上，等效转动惯量的下降与输入、输出齿轮齿数比的平方成正比。

$$J_{\theta} \ll \left(\frac{Z_{\mathrm{i}}}{Z_{\mathrm{O}}}\right) J_{0} J_{\mathrm{i}} \tag{2-1}$$

式中，J_{θ} 为系统总的等效转动惯量；J_{0} 为输出轴系统的总转动惯量，$kg \cdot m^2$；J_{i} 为输入轴系统的总转动惯量，$kg \cdot m^2$。

② 齿轮间隙误差将导致机器人手臂的定位误差增加，而且，假如不采取补偿措施，间隙误差还会引起伺服系统的不稳定。

(2) 同步带传动

同步带传动用来传递平行轴间的运动或将回转运动转换成直线运动，在机器人中的作用主要为前者。同步带和带轮的接触面都制成相应的齿形，靠啮合传递功率。同步带的主要材料是氯丁橡胶，中间用钢、玻璃纤维等拉伸刚度大的材料做加强层，齿面覆盖有耐磨性能好的尼龙布。用来传递轻载荷的同步带可用聚氯基甲酯制造。

同步带传动的优点是传动时无滑动，传动比准确，传动平稳，传动比范围大，初始拉力小，轴及轴承不易过载。但是，这种传动机构的制造及安装要求严格，对带的材料要求也较高，因而成本较高。同步带传动是低惯性传动，适合电动机和高减速比减速器之间的传动。

2.2.4 机器人中主要使用的减速器

在实际应用中，驱动电动机的转速非常高，达到每分钟几千转，但机械本体的动作较慢，减速后要求输出转速为每分钟几百转，甚至低至每分钟几十转，所以减速器在机器人的驱动中是必不可少的。由于机器人的特殊结构，对减速器提出了较高要求，减速比要大，要达数百，重量要轻，结构要紧凑，精度要高，回转误差要小。目前，在工业机器人中主要使用的减速器是谐波齿轮减速器和 RV 减速器两种。

2.2.4.1 谐波齿轮减速器

虽然谐波齿轮已问世多年，但直到近年来人们才开始广泛地使用它。目前，有 60%～70%的机器人旋转关节使用的是谐波齿轮传动。

谐波齿轮由刚性齿轮、谐波发生器和柔性齿轮三个主要零件组成，如图 2-1 所示。工作时，刚性齿轮固定安装，各齿均布于圆周上，具有外齿圈的柔性齿轮沿刚性齿轮的内齿圈转动。柔性齿轮比刚性齿轮少 2 个齿，所以柔性齿轮沿刚性齿轮每转一圈就反方向转过 2 个齿的相应转角。谐波发生器具有椭圆形轮廓，装在其上的滚珠用于支承柔性齿轮，谐波发生器驱动柔性齿轮旋转并使之发生塑性变形。转动时，柔性齿轮的椭圆形端部只有少数齿与刚性齿轮啮合，只有这样，柔性齿轮才能相对于刚性齿轮自由地转过一定的角度。通常，刚性齿轮固定，谐

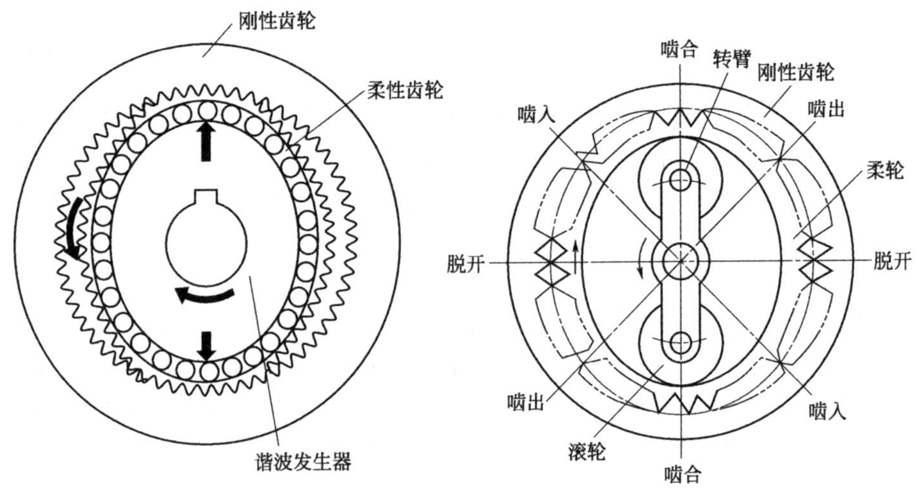

图 2-1 谐波齿轮减速器

波发生器作为输入端，柔性齿轮与输出轴相连。

由于自然形成的预加载谐波发生器啮合齿数较多，齿的啮合比较平稳，谐波齿轮传动的齿隙几乎为零，因此传动精度高，回差小。但是，由于柔性齿轮的刚度较差，承载后会出现较大的扭转变形，从而会引起一定的误差。不过，对于多数应用场合，这种变形将不会引起太大的问题。

谐波齿轮传动的特点如下：

① 结构简单，体积小，重量轻。

② 传动比范围大，单级谐波减速器传动比可在 50～300 之间，优选在 75～250 之间。

③ 运动精度高，承载能力大。由于是多齿啮合，与相同精度的普通齿轮相比，其运动精度能提高四倍左右，承载能力也大大提高。

④ 运动平稳，无冲击，噪声小。

⑤ 齿侧间隙可以调整。

2.2.4.2 RV 减速器

RV 减速器由第一级渐开线圆柱齿轮行星减速机构和第二级摆线针轮行星减速机构两部分组成，为一封闭差动轮系。RV 减速器具有结构紧凑、传动比大、振动小、噪声低、能耗低的特点，日益受到国内外的广泛关注。与机器人中常用的谐波齿轮减速器相比，具有高得多的疲劳强度、刚度和寿命，而且回差精度稳定，不像谐波齿轮减速器那样随着使用时间增长运动精度会显著降低，故 RV 减速器在高精度机器人传动中得到了广泛的应用。

(1) 结构组成

RV 减速器的结构与传动简图如图 2-2 所示，其主要由如下几个构件组成。

① 中心轮　中心轮（太阳轮）1 与输入轴连接在起，以传递输入功率，且与行星轮 2 相互啮合。

② 行星轮　行星轮 2 与曲柄轴 3 相连接，n 个（$n \geqslant 2$，图 2-2 中为 3 个）行星轮均匀地分布在一个圆周上。它起着功率分流的作用，即将输入功率分成 n 路传递给摆线针轮行星机构。

③ 曲柄轴　曲柄轴 3 一端与行星轮 2 相连接，另一端与支承圆盘 8 相连接，两端用圆锥滚子轴承支承。它是摆线轮 4 的旋转轴，既带动摆线轮进行公转，同时又支承摆线轮产生自转。

④ 摆线轮　摆线轮 4 的齿廓通常为短幅外摆线的内侧等距曲线。为了实现径向力的平衡，一般采用两个结构完全相同的摆线轮，通过偏心套安装在曲柄轴的曲柄处，且偏心相位差为 180°。在曲柄轴 3 的带动下，摆线轮 4 与针轮相啮合，既产生公转，又产生自转。

⑤ 针齿销　数量为 N 个的针齿销固定安装在针轮壳体上，构成针轮，与摆线轮 4 相啮合而形成摆线针轮行星传动。

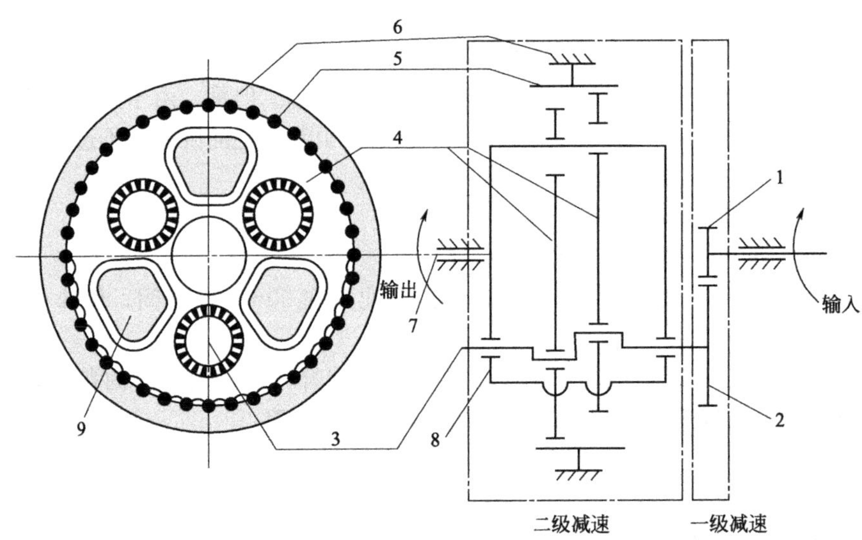

图 2-2　RV 减速器结构与传动简图

1—中心轮；2—行星轮；3—曲柄轴；4—摆线轮；5—针齿销；6—针轮壳体；7—输出轴；8—支承圆盘；9—输出块

⑥ 针轮壳体（机架）　针齿销的安装壳体。通常针轮壳体 6 固定，输出轴 7 旋转。如果输出轴固定，则针轮壳体旋转，两者之间由内置轴承支承。

⑦ 输出轴　输出轴 7 与支承圆盘 8 相互连接成为一个整体，在支承圆盘 8 上均匀分布多个曲柄轴的轴承孔和输出块 9 的支承孔（图中各为 3 个）。在三对曲柄轴支承轴承推动下，通过输出块和支承圆盘把摆线轮上的自转矢量以 1∶1 的传动比传递出来。

(2) 工作原理

驱动电动机的旋转运动由中心轮 1 传递给 n 个行星轮 2，进行第一级减速。行星轮 2 的旋转运动传给曲柄轴 3，使摆线轮 4 产生偏心运动。当针轮固定（与机架连成一体）时，摆线轮 4 一边随曲柄轴 3 产生公转，一边与针轮相啮合。由于针轮固定，摆线轮在与针轮啮合的过程中，产生一个绕输出轴 7 旋转的反向自转运动，这个运动就是 RV 减速器的输出运动。

通常摆线轮的齿数比针齿销数少一个，且齿距相等。如果曲柄轴旋转一圈，摆线轮与固定的针轮相啮合，沿与曲柄轴相反的方向转过一个针齿销，形成自转。摆线轮的自转运动通过支承圆盘上的输出块带动输出轴运动，实现第二级减速输出。

(3) RV 减速器的主要特点

RV 减速器具有两级减速装置，曲轴采用了中心圆盘支承结构的封闭式摆线针轮行星传动机构。其主要特点是传动比大，承载能力大，刚度大，运动精度高，传动效率高，回差小。

① 传动比大　通过改变第一级减速装置中中心轮和行星轮的齿数，可以方便地获得范围较大的传动比，其常用的传动比范围为 $I=57\sim192$。

② 承载能力大　由于采用了 n 个均匀分布的行星轮和曲柄轴，可以进行功率分流。而且采用了具有圆盘支承装置的输出机构，故其承载能力大。

③ 刚度大　由于采用了圆盘支承装置，改善了曲柄轴的支承情况，从而使得其传动轴的扭转刚度增大。

④ 运动精度高　由于系统的回转误差小，因此可获得较高的运动精度。

⑤ 传动效率高　除了针轮的针齿销支承部分外，其他构件均为滚动轴承支承，传动效率高，传动效率 $\eta=0.85\sim0.92$。

⑥ 回差小　各构件间所产生的摩擦和磨损较小，间隙小，传动性能好。

2.3　工业机器人机身和臂部设计

工业机器人机械部分主要由机身（即立柱）、臂部、腕部、手部四大部分构成。此外，工业机器人必须有一个便于安装的基础件，即机器人的机座，机座往往与机身做成一体。基座必须具有足够的刚度和稳定性，主要有固定式和移动式两种。采用移动式基座可以扩大机器人的工作范围。基座可以安装在小车或导轨上。图 2-3 为一个具有小车行走机构的工业机器人。图 2-4 为一个采用过顶安装方式的具有导轨行走机构的工业机器人。

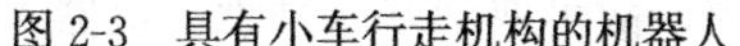

图 2-3　具有小车行走机构的机器人

图 2-4　具有导轨行走机构的机器人

2.3.1　机身设计

机身和臂部相连，机身支承臂部，臂部有腕部和手部。机身普遍用于实现升降和俯仰等运动，常有一至三个自由度。

(1) 机身的典型结构

机身结构一般由机器人总体设计确定。圆柱坐标型机器人的回转与升降这两个自由度归属于机身；球（极）坐标型机器人的回转与俯仰这两个自由度归属于机身；关节坐标型机器人的腰部回转自由度归属于机身；直角坐标型机器人的升降或水平移动自由度有时也归属于机身。下面讲述关节型机身的典型结构。

关节型机器人机身只有一个回转自由度，即腰部的回转运动。腰部要支承整个机身绕基座进行旋转，在机器人六个关节中受力最大，也最复杂，既承受很大的轴向力、径向力，又承受倾覆力矩。按照驱动电动机旋转轴线与减速器旋转轴线是否在一条线上，腰部关节电动机有同轴式与偏置式两种布置方案，如图 2-5(a)、(b) 所示。腰部驱动电动机多采用立式倒置安装。在图 2-5(a) 中，驱动电动机 1 的输出轴与减速器 4 的输入轴通过联轴器 3 相连，减速器 4 输出轴法兰与基座 6 相连并固定，这样减速器 4 的外壳将旋转，带动安装在减速器机壳上的腰部 5 绕基座 6 做旋转运动。在图 2-5(b) 中，从重力平衡的角度考虑，电动机 1 与机器人大臂 2 相对安装，电动机 1 通过一对外啮合齿轮 7 做一级减速，把运动传递给减速器 4，工作原理与图 2-5(a) 所示结构相同。

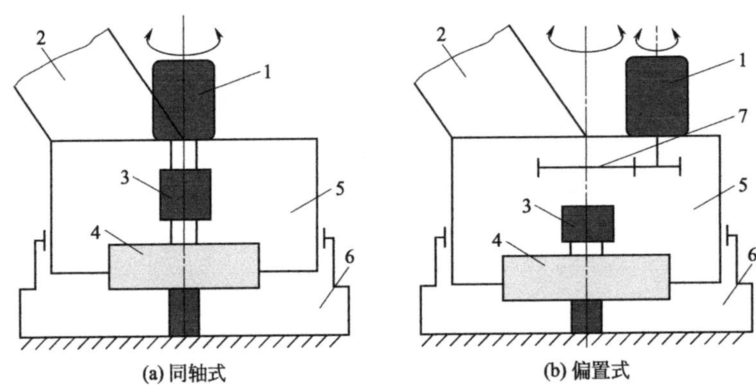

图 2-5　腰部关节电动机布置方案

1—驱动电动机；2—大臂；3—联轴器；4—减速器；5—腰部；6—基座；7—齿轮

图 2-5(a) 所示的同轴式布置方案多用于小型机器人，而图 2-5(b) 所示的偏置式布置方案多用于中、大型机器人。腰关节多采用高刚性和高精度的 RV 减速器传动，RV 减速器内部有一对径向止推球轴承，可承受机器人的倾覆力矩，能够满足在无基座轴承时抗倾覆力矩的要求，故可取消基座轴承。机器人腰部回转精度靠 RV 减速器的回转精度保证。

对于中、大型机器人，为方便走线，常采用中空型 RV 减速器，其典型使用案例如图 2-6 所示。电动机 1 的轴齿轮与 RV 减速器输入端的中空齿轮 3 相啮合，实现一级减速。RV 减速器 4 的输出轴固定在基座 5 上，减速器的外壳旋转实现二级减速，带动安装于其上的机身做旋转运动。

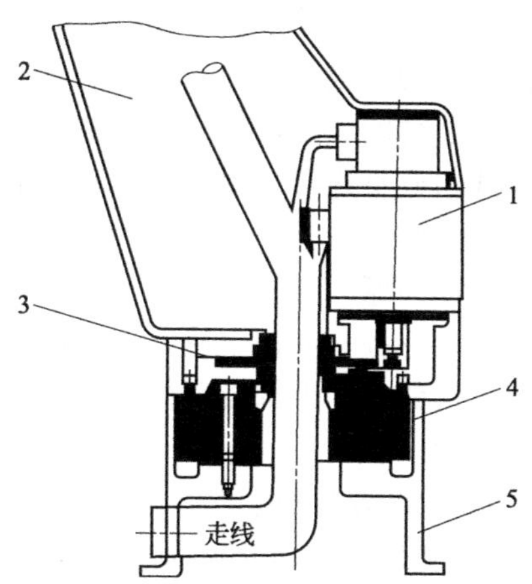

图 2-6 腰部使用中空 RV 减速器驱动案例

1—驱动电动机；2—大臂；3—中空齿轮；4—RV 减速器；5—基座

(2) 液压（气压）驱动的机身典型结构

圆柱坐标型机器人机身具有回转与升降两个自由度，升降运动通常采用油缸来实现，回转运动可采用以下几种驱动方案来实现。

① 采用摆动油缸驱动，升降油缸在下，回转油缸在上。因摆动油缸安置在升降活塞杆的上方，故升降油缸的活塞杆的尺寸要加大。

② 采用摆动油缸驱动，回转油缸在下，升降油缸在上，相比之下，回转油缸的驱动力矩要设计得大一些。

③ 采用链条链轮传动机构。链条链轮传动可将链条的直线运动变为链轮的回转运动，它的回转角度可大于 360°。图 2-7(a) 所示为采用单杆活塞气缸驱动链条链轮传动机构实现机身回转运动的原理图。此外，也有用双杆活塞气缸驱动链条链轮回转的，如图 2-7(b) 所示。

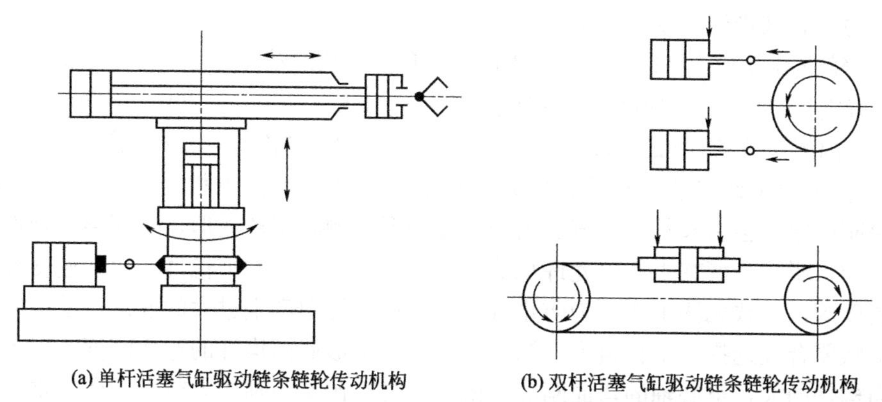

(a) 单杆活塞气缸驱动链条链轮传动机构　(b) 双杆活塞气缸驱动链条链轮传动机构

图 2-7 利用链条链轮传动机构实现机身回转运动

球（极）坐标型机身具有回转与俯仰两个自由度，回转运动的实现方式与圆柱坐标型机身相同，而俯仰运动一般采用液压（气压）缸与连杆机构来实现。手臂俯仰运动用的液压缸位于手臂的下方，其活塞杆和手臂用铰链连接，缸体采用尾部耳环或中部销轴等方式与机身连接。此外，有时也采用无杆活塞缸驱动齿条齿轮或四连杆机构实现手臂的俯仰运动。

(3) 设计机身时要注意的问题

工业机器人要完成特定的任务，如抓、放工件等，就需要有一定的灵活性和准确性。机身需支承机器人的背部、手部及所握持物体的重量，因此，设计机身时应注意以下几个方面的问题：

① 机身要有足够的刚度、强度和稳定性。

② 运动要灵活，用于实现升降运动的导向套长度不宜过短，以避免发生卡死现象。

③ 驱动方式要适宜。

④ 结构布置要合理。

2.3.2 臂部设计

工业机器人的臂部由大臂、小臂（或多臂）所组成，一般具有两个自由度，可以是伸缩、回转、俯仰或升降。臂部总重量较大，受力一般较复杂。在运动时，直接承受腕部、手部和工件（或工具）的静、动载荷，尤其在高速运动时，将产生较大的惯性力（或惯性力矩），引起冲击，影响定位的准确性。臂部是工业机器人的主要执行部件，其作用是支承手部和腕部，并改变手部的空间位置。

臂部运动部分零件的重量直接影响臂部结构的刚度和强度，工业机器人的臂部一般与控制系统和驱动系统一起安装在机身（即机座）上，机身可以是固定式的，也可以是移动式的。

(1) 臂部设计的基本要求

臂部的结构形式必须根据机器人的运动形式、抓取动作自由度、运动精度等因素来确定。同时，设计时必须考虑到手臂的受力情况、液压（气压）缸及导向装置的布置、内部管路与手腕的连接形式等因素。因此，设计臂部时一般要注意下述要求。

① 手臂应具有足够的承载能力和刚度　手臂在工作中相当于一个悬臂梁，如果刚度差，会引起其在垂直面内的弯曲变形和侧向扭转变形，从而导致臂部产生颤动，影响手臂在工作中允许承受的载荷大小、运动的平稳性、运动速度和定位精度等，以致无法工作。为防止臂部在运动过程中产生过大的变形，手臂的截面形状要合理选择。由材料力学知识可知，工字形截面构件的弯曲刚度一般比圆截面构件的大，空心轴的弯曲刚度和扭转刚度都比实心轴的大得多，所以常用工字钢和槽钢做支承板，用钢管做臂杆及导向杆。

② 导向性要好　为使手臂在直线移动过程中不致发生相对转动，以保证手部的方向正确，应设置导向装置或设计方形、花键等形式的臂杆。导向装置的具体结构形式一般应根据载荷大小、手臂长度、行程以及手臂的安装形式等因素来选择。导轨的长度不宜小于其间距的两倍，以保证导向性良好。

③ 重量和转动惯量要小　为提高机器人的运动速度，要尽量减轻臂部运动部分的重量，以减小整个手臂对回转轴的转动惯量。另外，应注意减小偏重力矩，偏重力矩过大，易使臂部在升降时发生卡死或爬行现象，因此注意减小偏重力矩。通过以下方法可以减小或消除偏重力矩：a. 尽量减轻臂部运动部分的重量；b. 使臂部的重心与立柱中心尽量靠近；c. 采取配重。

④ 运动要平稳、定位精度要高　运动平稳性和重复定位精度是衡量机器人性能的重要指标，影响这些指标的主要因素有：a. 惯性冲击；b. 定位方法；c. 结构刚度；d. 控制及驱动系统。

臂部运动速度越高，由惯性力引起的定位前的冲击就越大，不仅会使运动不平稳，而且会使定位精度不高。因此除了要力求臂部结构紧凑、重量轻外，还要采取一定的缓冲措施。

工业机器人常用的缓冲装置有弹性缓冲元件、液压（气压）缸端部缓冲装置、缓冲回路和液压缓冲器等。按照它们在机器人或机械手结构中设置位置的不同，可以分为内部缓冲装置和外部缓冲装置两类。在驱动系统内设置的缓冲元件属于内部缓冲装置，液压（气压）缸端部节流缓冲环节与缓冲回路均属于此类。弹性缓冲元件和液压缓冲器一般设置在驱动系统之外，故属于外部缓冲装置。内部缓冲装置具有结构简单、紧凑等优点，但其安装位置受到限制。外部缓冲装置具有安装简便、灵活、容易调整等优点，但其体积较大。

(2) 关节型机器人臂部的典型结构

关节型机器人的臂部由大臂和小臂组成，大臂与机身相连的关节称为肩关节，大臂和小臂相连的关节称为肘关节。

① 肩关节电动机布置　关节要承受大臂、小臂、手部的重量和载荷，受到很大的力矩作用，也同时承受来自平衡装置的弯矩，应具有较高的运动精度和刚度，多采用高刚度的 RV 减速器传动。按照电动机旋转轴线与减速器旋转轴线是否在一条线上，肩关节电动机布置方案也可分为同轴式与偏置式两种。

图 2-8 所示为肩关节电动机布置方案，电动机和减速器均安装在机身上。图(a) 中电动机 1 与减速器 2 同轴相连，减速器 2 输出轴带动大臂 3 实现旋转运动，多用于小型机器人。图(b) 中电动机 1 轴与减速器 2 轴偏置相连，电动机通过一对外啮合齿轮 5 做一级减速，把运动传递给减速器 2，减速器输出轴带动大臂 3 实现旋转运动，多用于中、大型机器人。

② 肘关节电动机布置　肘关节要承受小臂、手部的重量和载荷，受到很大的力矩作用。肘关节也应具有较高的运动精度和刚度，多采用高刚度的 RV 减速

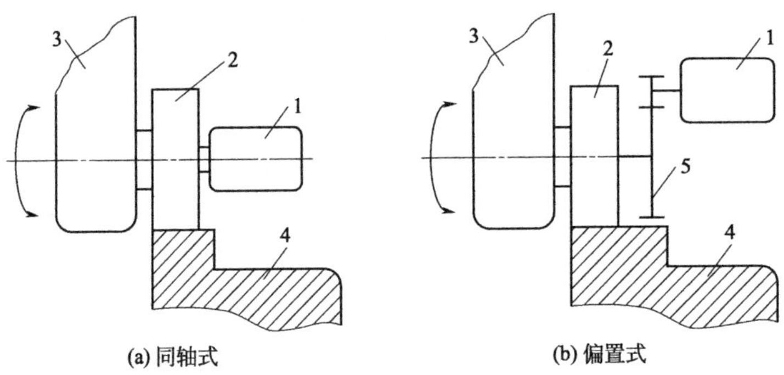

图 2-8 肩关节电动机布置方案

1—肩关节电动机；2—减速器；3—大臂；4—机身；5—齿轮

器传动。按照电动机旋转轴线与减速器旋转轴线是否在一条线上，肘关节电动机布置方案也可分为同轴式与偏置式两种。图 2-9 所示为肘关节电动机布置方案，电动机和减速器均安装在机身上。图 2-9(a) 中电动机 1 与减速器 3 同轴相连，减速器 3 输出轴固定在大臂 4 上端，减速器 3 外壳旋转带动小臂 2 做上下摆动，该方案多用于小型机器人；图 2-9(b) 中电动机轴 1 与减速器 3 偏置相连，电动机 1 通过一对外啮合齿轮 5 做一级减速，把运动传递给减速器 3，由于减速器输出轴固定于大臂 4 上，所以外壳将旋转，带动安装于其上的小臂 2 做相对于大臂 4 的俯仰运动。该方案多用于中、大型机器人。

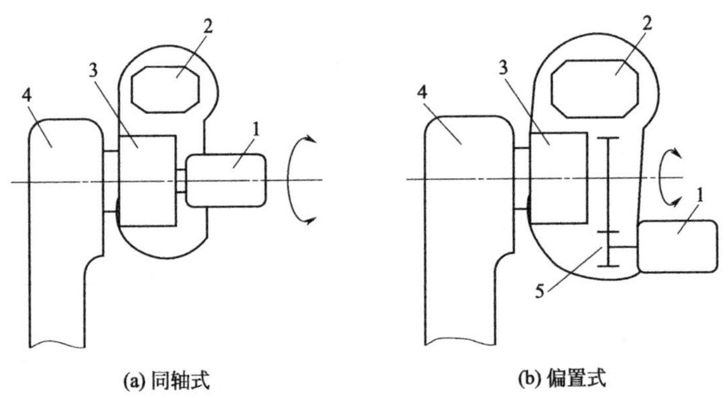

图 2-9 肘关节电动机布置方案

1—肘关节电动机；2—小臂；3—减速器；4—大臂；5—齿轮

(3) 液压（气压）驱动的臂部典型结构

① 手臂直线运动机构　机器人手臂的伸缩、横向移动均属于直线运动。实现手臂往复直线运动的机构形式比较多，常用的有液压（气压）缸、齿轮齿条机构、丝杠螺母机构及连杆机构等。由于液压（气压）缸的体积小、重量轻，因而在机器人的手臂结构中应用比较多。在手臂的伸缩运动中，为了使手臂移动的距

离和速度按定值增加，可以采用齿轮齿条传动式增倍机构。图 2-10 所示为采用气压传动的齿轮齿条式增倍机构的手臂结构。活塞杆 3 左移时，与活塞杆 3 相连接的齿轮 2 也左移，并使运动齿条 1 一起左移；由于齿轮 2 与固定齿条 4 相啮合，因而齿轮 2 在移动的同时，又在固定齿条 4 上滚动，并将此运动传给运动齿条 1，从而使运动齿条 1 又向左移动一距离。因手臂固连于运动齿条 1 上。所以手臂的行程和速度均为活塞杆 3 的两倍。

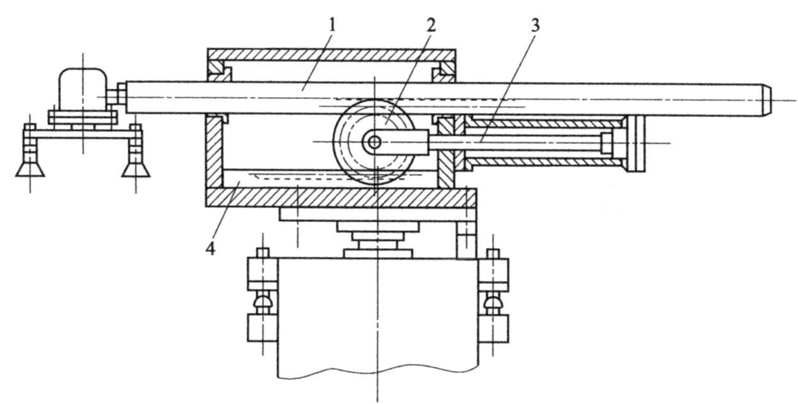

图 2-10　采用气压传动的齿轮齿条式增倍机构的手臂结构

1—运动齿条；2—齿轮；3—活塞杆；4—固定齿条

② 手臂回转运动机构　实现机器人手臂回转运动的机构形式多种多样，常用的有叶片式回转缸、齿轮传动机构、链轮传动机构、活塞缸和连杆机构等。

利用齿轮齿条液压缸实现手臂回转运动的机构：压力油分别进入液压缸两腔，推动齿条活塞往复移动，与齿条啮合的齿轮即做往复回转运动；齿轮与手臂固连，从而实现手臂的回转运动。

采用活塞油缸和连杆机构的双臂机器人手臂的结构：手臂的上、下摆动由铰接液压缸（活塞油缸）和连杆机构来实现。当液压缸的两腔通压力油时，连杆（即活塞杆）带动曲柄（即手臂）绕轴心做 90°的上、下摆动。手臂下摆到水平位置时，水平和竖直方向的定位由支承架上的两颗定位螺钉来调节。此手臂结构具有传动结构简单、紧凑和轻巧等特点。

2.4 腕部设计

2.4.1　腕部的作用、自由度与手腕的分类

(1) 腕部的作用与自由度

工业机器人的腕部是连接手部与臂部的部件，起支承手部的作用。机器人一

般要具有六个自由度才能使手部（末端操作器）达到目标位置和处于期望的姿态，腕部的自由度主要用来实现所期望的姿态。

为了使手部能处于空间任意方向，要求腕部能实现绕空间三个坐标轴 x、y、z 的转动，即具有回转、俯仰和偏转三自由度，如图 2-11 所示。通常，把手腕的回转称为 roll。用 R 表示；把手腕的俯仰称为 pitch，用 P 表示；把手腕的偏转称力 yaw，用 Y 表示。

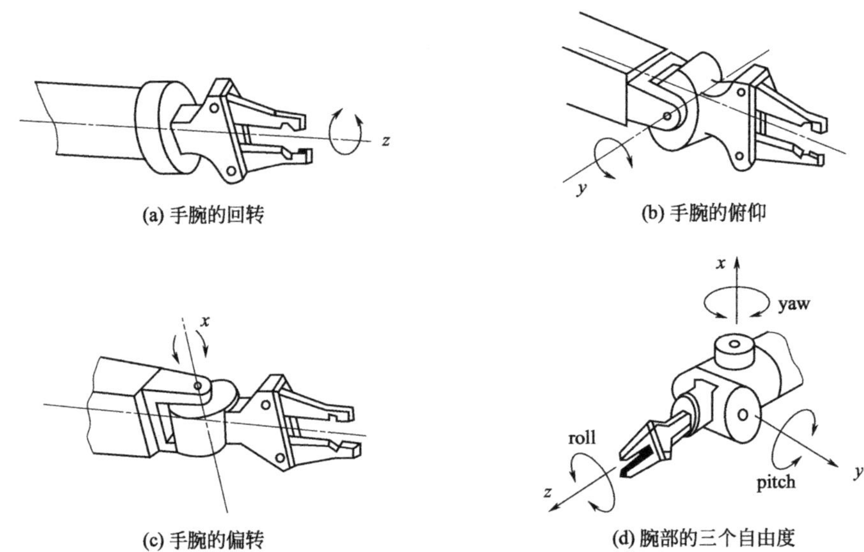

(a) 手腕的回转　(b) 手腕的俯仰　(c) 手腕的偏转　(d) 腕部的三个自由度

图 2-11　腕部的自由度

(2) 手腕的分类

手腕按自由度数目可分为单自由度手腕、二自由度手腕、三自由度手腕等。

① 单自由度手腕　单自由度手腕如图 2-12 所示。其中，图（a）所示为一种回转（roll）关节，它使手臂纵轴线和手腕关节轴线构成共轴线形式，这种 R 关节旋转角度大，可达到 360°以上。图（b）、（c）所示为一种弯曲（bend）关节，也称为 B 关节，关节轴线与前、后两个连接件的轴线相垂直。这种 B 关节因为受到结构上的干涉，旋转角度小，方向角大大受限。图（d）所示为移动（translate）关节，也称为 T 关节。

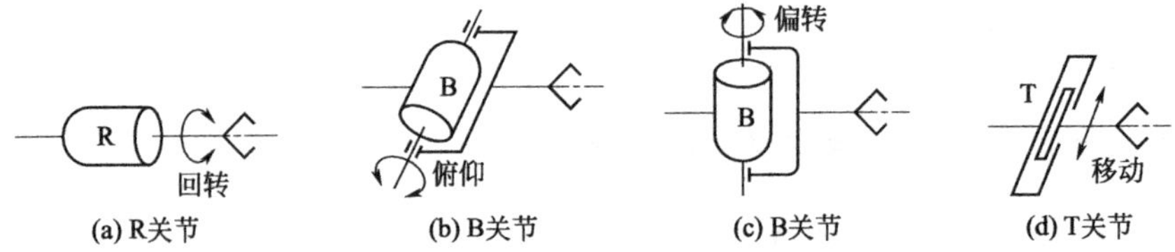

(a) R关节　(b) B关节　(c) B关节　(d) T关节

图 2-12　单自由度手腕

② 二自由度手腕 二自由度手腕如图 2-13 所示，二自由度手腕可以是由一个 B 关节和一个 R 关节组成的 BR 手腕［图 2-13(a)］，也可以是由两个 B 关节组成的 BB 手腕［图 2-13(b)］。但是，不能是由两个 R 关节组成的 RR 手腕，因为两个 R 关节共轴线，所以退化了一个自由度，实际只构成单自由度手腕［图 2-13(c)］。自由度手腕中最常用的是 BR 手腕。

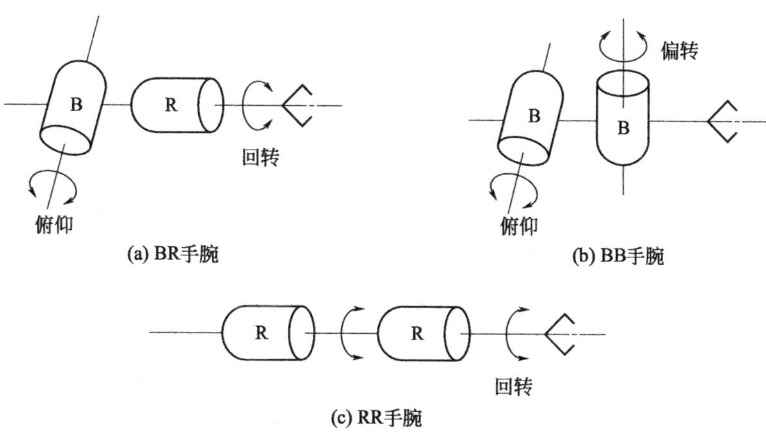

图 2-13 二自由度手腕

③ 三自由度手腕 三自由度手腕可以是由 B 关节和 R 关节组成的多种形式的手腕，但在实际应用中，常用的只有 BBR、RRR、BRR 和 RBR 四种形式的手腕，如图 2-14 所示。PUMA 262 机器人的手腕采用的是 RRR 结构形式。MOTOMANSV3 机器人的手腕采用的是 RBR 结构形式。

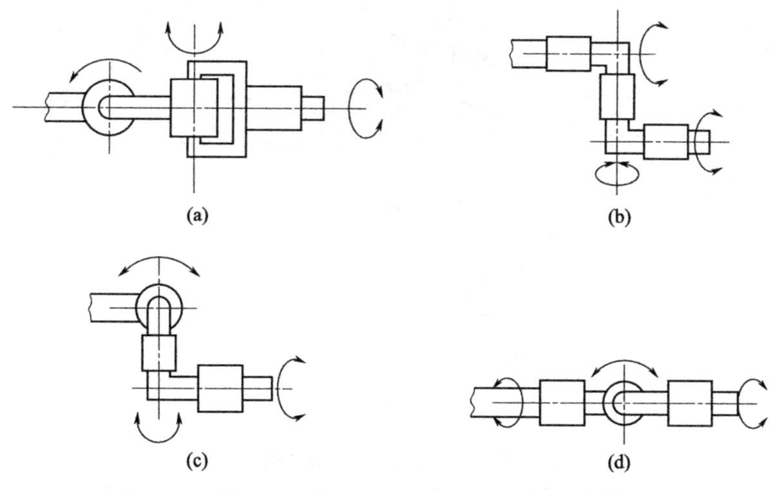

图 2-14 三自由度手腕的四种结构形式组合

RRR 结构形式的手腕主要用于喷涂作业。RBR 结构形式的手腕具有三条轴线相交于一点的结构特点，又称欧拉手腕，运动学的求解简单，是一种主流的机器人手腕结构。

2.4.2 手腕关节的典型结构

(1) RBR 手腕的典型结构

由前述内容可知，RBR 手腕是关节型机器人主流手腕结构，具有三个自由度，分别称为小臂旋转关节（*R* 轴）、手腕推动关节（*B* 轴）和手腕旋转关节（*T* 轴）。对于小负载机器人，手腕三个关节电动机一般布置在机器人小臂内部；对于中、大负载电动机，手腕三个关节电动机一般布置在机器人小臂的内部，以尽量减轻小臂重力的不平衡。下面讲述电动机内置于小臂内的典型结构。

① *R* 轴的典型结构　为了实现小臂的旋转运动，小臂在结构上要做成前、后两段，其前段可以相对后段实现旋转运动。图 2-15 所示为 *R* 轴的典型结构，小臂分为后段 2 和前段 5 两段。前段 5 用一对圆锥滚子轴承 4 支承于后段 2 内。*R* 轴驱动电动机 1 做旋转运动，通过谐波齿轮减速器 3 减速，其输出轴转盘带动小臂前段 5 旋转，实现小臂的旋转运动。*B* 轴驱动电动机 6 和 *T* 轴驱动电动机 7 置于小臂前段 5 内。

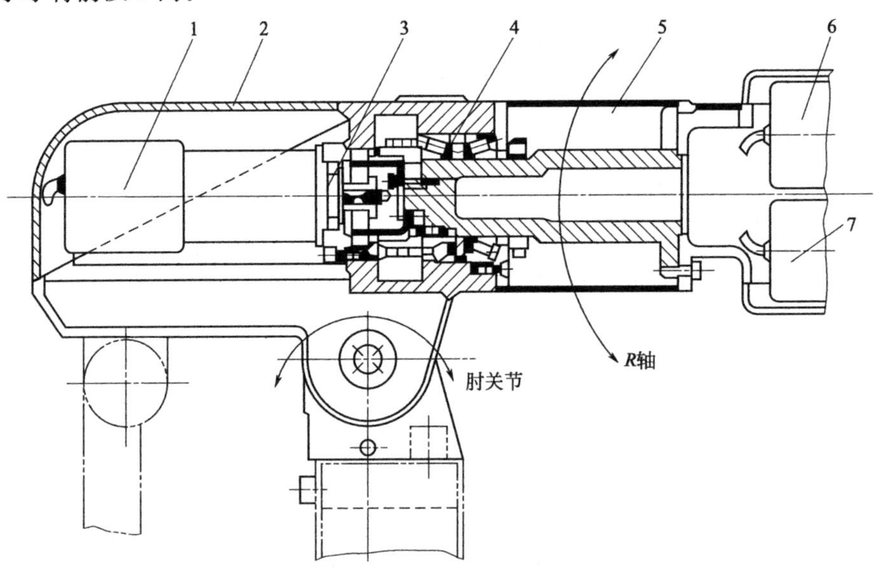

图 2-15　*R* 轴的典型结构

1—*R* 轴驱动电动机；2—小臂后段；3—谐波齿轮减速器；4—轴承；5—小臂前段；6—*B* 轴驱动电动机；7—*T* 轴驱动电动机

② B 轴的典型结构　图 2-16 所示为 B 轴和 T 轴的典型结构，B 轴和 T 轴驱动电动机均沿小臂 1 轴线方向布置。B 轴驱动电动机 11 输出的旋转运动，通过锥齿轮 10 改变方向后，由同步带 9 传递给谐波齿轮减速器 8。谐波齿轮减速器的输出轴固定，减速器壳体旋转，带动安装于其上的手腕摆动，实现 B 轴运动。锥齿轮轴和 B 轴分别由向心球轴承支承。

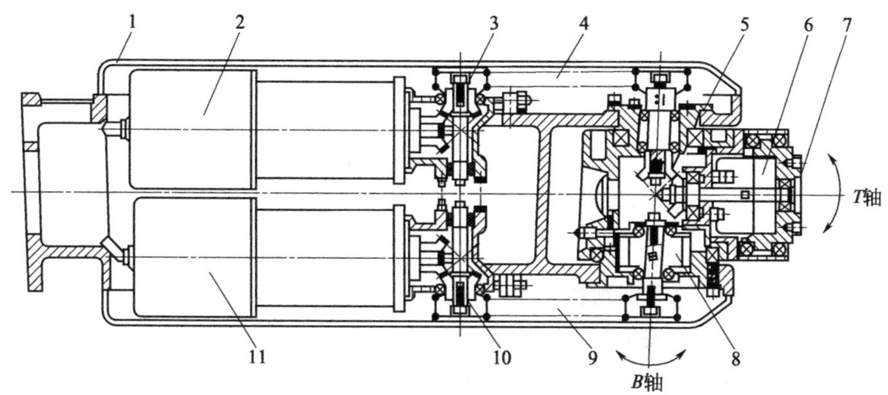

图 2-16　B 轴和 T 轴的典型结构

1—小臂前段；2—T 轴驱动电动机；3,5,10—锥齿轮；4,9—同步带；6,8—谐波齿轮减速器；7—T 轴法兰盘；11—B 轴驱动电动机

③ T 轴的典型结构　T 轴的运动传递与 B 轴相似。如图 2-16 所示，T 轴驱动电动机 2 输出的旋转运动，通过锥齿轮 3 改变旋转方向后，由同步带 4 将运动传递给锥齿轮 5，再次改变旋转方向后传递给谐波齿轮减速器 6，谐波齿轮减速器 6 的输出轴直接带动手腕旋转，实现 T 轴运动。T 轴由一对圆锥滚子轴承支承在手腕体内，T 轴法兰盘 7 连接末段操作器。

在实际运用中，B 轴、T 轴驱动电动机也可以垂直与小臂轴线内置，电动机的输出轴直接与带轮相连，可以省去一对改变方向的锥齿轮。T 轴电动机如果体积允许，也可以直接与减速器相连，省去中间的传动链，使结构大大简化。

电动机置于小臂末端的典型结构内。对于中、大型负载机器人，小臂和电动机的重量也随之增加很多，考虑到重力平衡问题，手腕三轴驱动电动机应尽量靠近小臂的末端布置，并超过肘关节旋转中心。图 2-17 所示为一手腕驱动电动机后置的典型传动原理，三轴驱动级内置于小臂手腕后段 1 内。

R 轴驱动电动机 D4 通过中空型 RV 减速器 R4 直接带动小臂前段 2 相对于后段旋转，实现 R 轴的旋转运动。B 轴驱动电动机 D5 通过两端带齿轮的薄壁套筒 3，将运动传递给 R 减速器 R5，减速器 R5 轴带动手腕摆动，实现 B 轴的旋转运动。T 轴驱动电动机 D6 通过实心细长轴 4 和一对锥齿轮，再通过带传动装置和一对锥齿轮，将运动传递给 RV 减速器 R6，减速器 R6 的输出轴直接带动手

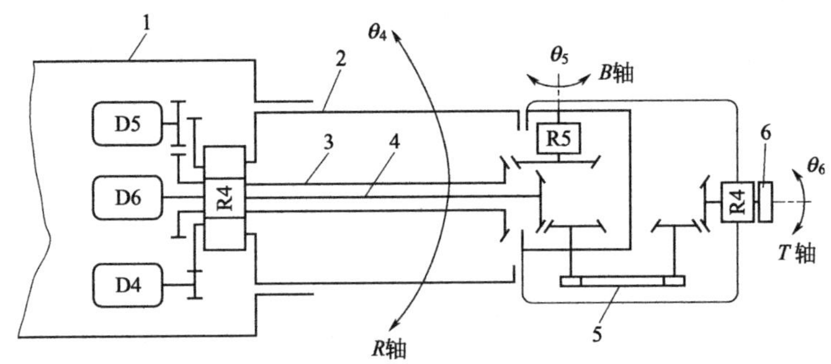

图 2-17　手腕三轴驱动电动机后置的典型传动原理

1—小臂后段；2—小臂前段；3—薄壁套筒；4—细长轴；5—同步带；6—法兰盘

腕法兰盘 6 转动，实现 T 轴的旋转运动。

（2）RRR 手腕的典型结构

RRR 手腕的三个关节轴线不相交于一点，与 RBR 手腕相比，其优点是三个关节均可实现 360°的旋转，周转、灵活性和空间作业范围都得以增大。由于其手腕灵活性强，特别适合于进行复杂曲面及狭小空间内的喷涂作业，能够高效、高质量地完成喷涂任务。RRR 手腕按其相邻关节轴线夹角又可以分为正交型手腕（相邻轴线夹角 90°）和偏交型手腕两种，如图 2-18 所示。

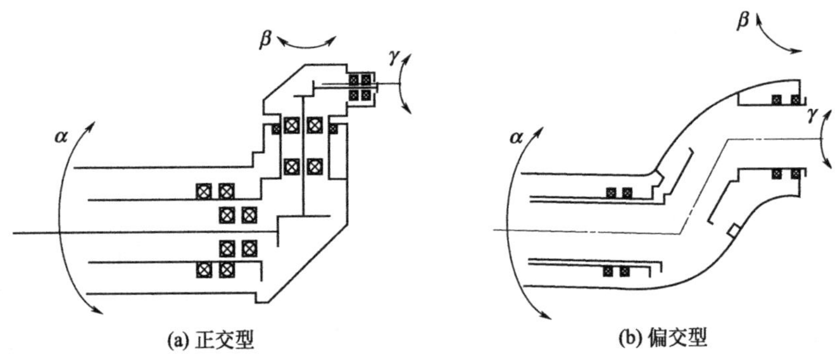

图 2-18　RRR 手腕的常用结构原理图

在实际喷涂作业中，需要接入气路、液路、电路等管线，若这些管线悬于机器人手臂外部，容易造成管线与喷涂对象之间的干涉，附着在管线上涂料的滴落也会对喷涂产品质量和生产安全造成影响。针对涂料工艺的特殊要求，中空结构的 RRR 手腕得到了广泛应用。安装中空手腕后，各种管线就可以从机器人手腕内穿过与喷枪连接，使机器人变得整洁且易于维护。由于偏交型 RRR 手腕中的管路弯曲角度较小，非相互垂直，不容易堵塞甚至折断管道，因而具有中空结构的偏交型 RRR 手腕最适合于喷涂机器人。

图 2-19 所示为中空偏交型 RRR 手腕的内部结构，置于小臂内部的三只驱动电动机的动力通过细长轴传递到腕部，再通过空心套筒驱动腕部的三个关节旋转。

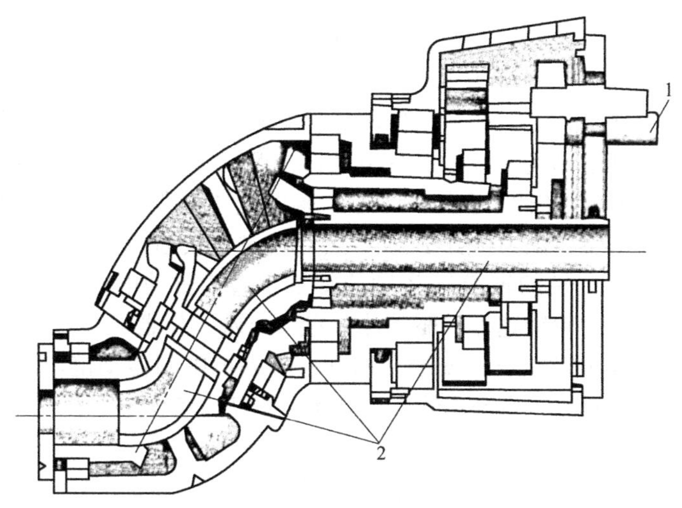

图 2-19 中空偏交型 RRR 手腕内部结构

1—传动轴；2—空心套筒

(3) 液压（气压）驱动的手腕典型站构

如果采用液压（气压）传动，选用摆动油（气）缸或液压（气压）马达来实现旋转运动。将驱动元件直接装在手腕上，可以使结构十分紧凑。图 2-20 所示为一种采用液压直接驱动的 BBR 手腕，设计紧凑巧妙，其中 M_1、M_2、M_3 是液压马达。直接驱动实现手腕的性能好坏的关键在于能否选到尺寸小、重量轻而驱

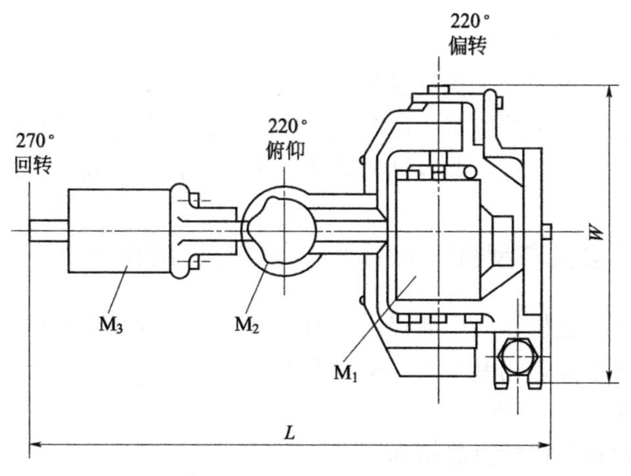

图 2-20 液压直接驱动的 BBR 手腕

动力矩大、驱动特性好的摆动油缸或液压马达。

2.4.3 MOTOMAN SV3 机器人的手腕结构

MOTOMAN SV3 机器人的腕关节由 R 轴、B 轴和 T 轴组成，具有三个自由度，如图 2-21 所示。其中 R 轴以小臂中心线为轴线，由交流伺服电动机驱动，首先通过同步带传动，然后通过 RV 减速器减速，驱动小臂绕 R 轴旋转。为了减小转动惯量，其电动机安装在肘关节处，即和 L 轴的电动机交错安装。B 轴的电动机轴线与 R 轴的轴线垂直，驱动 B 轴的交流伺服电动机安装在小臂内部末端，先通过同步带将动力传到 B 轴，然后通过谐波齿轮减速器减速，驱动腕关节做俯仰运动。T 轴的轴线与 B 轴的轴线垂直，驱动电动机为伺服电动机，减速机构采用谐波齿轮减速器，驱动法兰盘（末端操作器机械口单元）绕 T 轴转动。T 轴的驱动电动机直接安装在腕部，省去了中间传动链，通过谐波齿轮减速器，驱动法兰盘（末端操作器接口单元）绕 T 轴旋转。

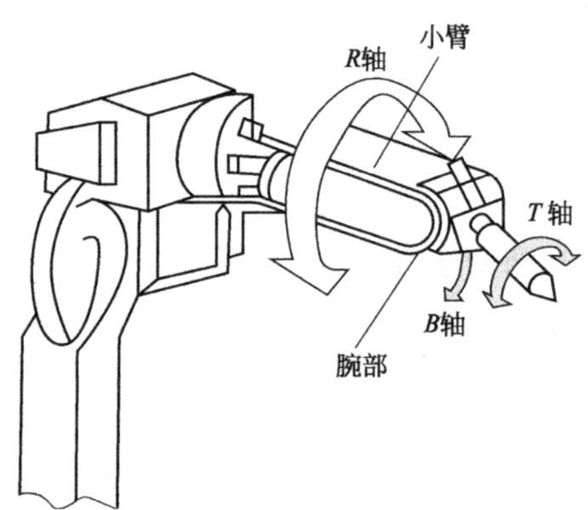

图 2-21 MOTOMAN SV3 机器人的手腕结构

由上面的分析可知，该机械手的驱动系统均采用交流伺服电动机驱动，而传动系统则采用谐波齿轮减速器、RV 减速器和同步带传动。当要求末端操作器执行某个任务时由控制系统协调各轴的运动，按给定轨迹运动。

2.4.4 六自由度关节型机器人的关节布置与结构特点

目前，各大工业机器人厂商提供的通用型六自由度关节型机器人的机械结构从外观上看大同小异，相差不大。从本质上讲，关节布置和机身、臂部、手腕结构基本一致，如图 2-22 所示。

其关节布置和结构特点总结如下：

① 从关节所起的作用来看：J_1、J_2 和 J_3 前三个关节（轴）称为机器人的定

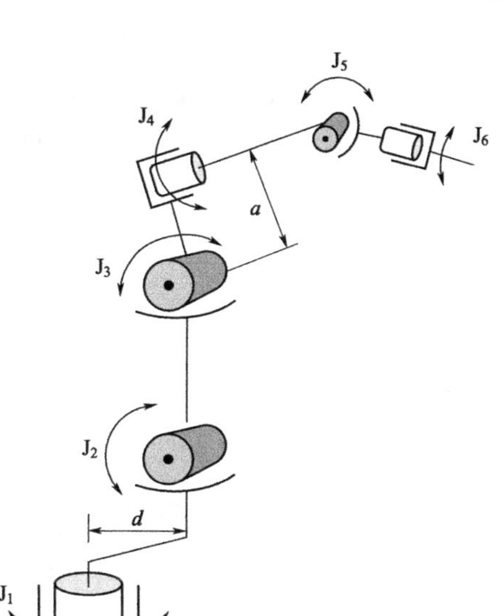

图 2-22　六自由度关节型机器人的关节布置与结构特点

位关节，决定了机器人手腕在空中的位置和作业范围；J_4、J_5 和 J_6 后三个关节（轴）称为机器人的定向关节，决定了机器人手腕在空中的方向和姿态。

② 从关节旋转的形式来看：J_1、J_4 和 J_6 三个关节绕中心轴做旋转运动，动作角度较大；J_2、J_3 和 J_5 三个关节绕中心轴摆动，动作角度较小。

③ 从关节布置特点上看：J_2 关节轴线前置，偏移量为 d，从而扩大了机器人向前的灵活性和作业范围；为了减小运动惯量，J_4 小关节电动机要尽量向后放置，所以 J_3 和 J_4 关节轴线在空中呈十字垂直交叉，相距量为 a；为了运动学求解计算方便最 J_4、J_5 和 J_6 三个关节轴线相交于一点，形成 RBR 手腕结构。

④ 从电动机布置位置来看：对于小型机器人，J_1、J_2 和 J_3 前三个关节电动机轴线与减速器轴线通常同轴，J_4、J_5 和 J_6 后三个关节电动机内藏于小臂内部；对于中、大型机器人，J_1、J_2 和 J_3 前三个关节电动机轴线与减速器轴线通常偏置，中间通过一级外啮合齿轮传递运动，而 J_4、J_5 和 J_6 后三个关节电动机后置于小臂末端，从而可减小运动惯量。

2.5　手部设计

2.5.1　手部的特点

工业机器人的手部是装在工业机器人手腕上直接抓握工件或执行作业的部件，工业机器人手部有以下一些特点：手部与手腕相连处可拆卸，手部与手腕有机械接口，也可能有电、气、液接头。当工业机器人作业对象不同时，可以方便地拆卸和更换手部。手部是工业机器人的末端操作器，它可以像人手那样有其手指，也可以不具备手指；可以是类人的手爪，也可以是进行专业作业的工具，如装在机器人手指上的喷漆枪和焊具等，如图 2-23 所示。

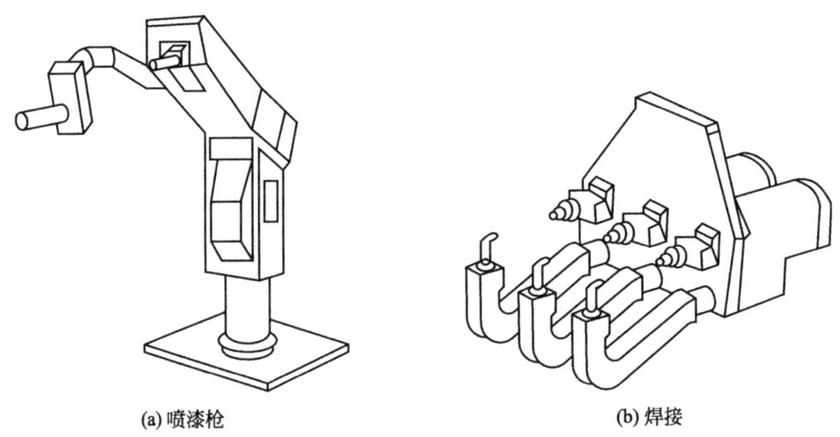

图 2-23　喷漆枪和焊具

手部的通用性比较差。工业机器人的手部通常是专用的装置，一种手爪往往只能抓握一种工件或几种在形状、尺寸、重量等方面相近似的工件，只能执行一种作业任务。

手部是一个独立的部件，假如把手腕归属于臂部，那么，工业机器人机械系统的三大件就是机身、臂部和手部。手部是决定整个工业机器人作业完成好坏、作业柔性好坏的关键部件之一。

2.5.2　手部的分类

由于手部要完成的作业任务繁多，手部的类型也多种多样。根据其用途，手部可分为手爪和工具两大类。手爪具有一定的通用性，它的主要功能是抓住工件、握持工件、释放工件。工具用于进行某种作业。

根据其夹持原理，手部又可分为机械钳爪式和吸附式两大类。其中吸附式手部还可分为磁力吸附式和真空吸附式两类。吸附式手部机构的功能超出了人手的功能范围。在实际应用中，也有少数特殊形式的手部。

2.5.2.1　机械钳爪式手部结构

机械钳爪式手部按夹取的方式，可分为内撑式和外夹式两种，分别如图 2-24 与图 2-25 所示。两者的区别在于夹持工件的部位不同，手爪动作的方向相反。

由于采用两爪内撑式手部夹持时不易稳定，工业机器人多用内撑式三指钳爪

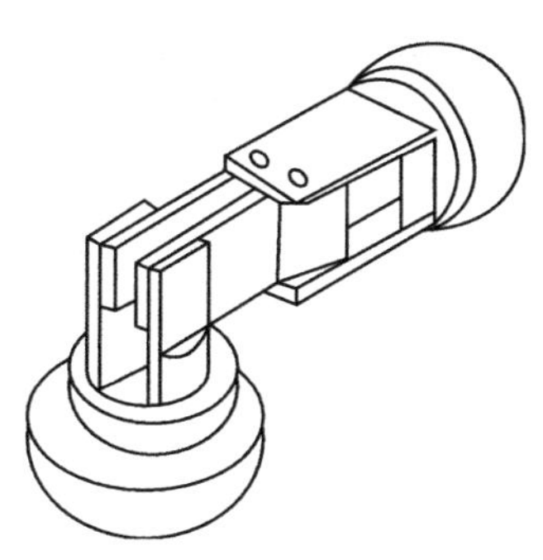

图 2-24　内撑钳爪式手部的夹取方式

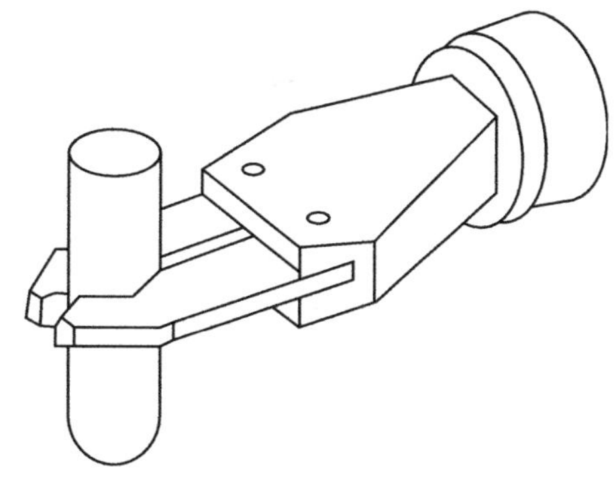

图 2-25　外夹钳爪式手部的夹取方式

来夹持工件，如图 2-26 所示。

按机械结构特征、外观与功用来区分，钳爪式手部还有多种结构形式，下面介绍几种不同形式的手部机构。

① 齿轮齿条移动式手爪如图 2-27 所示。

② 重力式钳爪如图 2-28 所示。

③ 平行连杆式钳爪如图 2-29 所示。

④ 拨杆杠杆式钳爪如图 2-30 所示

⑤ 自动调整式钳爪如图 2-31 所示。自动调整式钳爪的调整范围为 0～10 mm，适用于抓取多种规格的工件，当更换产品时可更换 V 形钳爪。

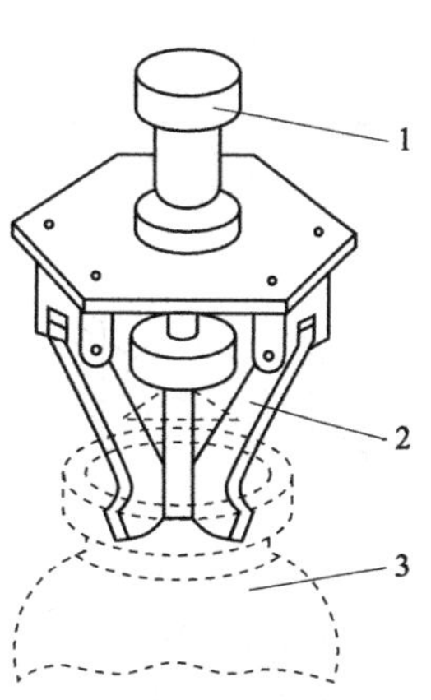

图 2-26　内撑式三指钳爪
1—手指驱动电磁铁；2—钳爪；3—工件

⑥ 机器人手爪和手腕中形式最完美的是模仿人手的多指灵巧手，如图 2-32 所示。多指灵巧手有多个手指，每个手指有三个回转关节，每一个关节的自由度都是独立控制的，因此，几乎人手指能完成的复杂动作如拧螺钉、弹钢琴、做礼仪手势等它都能完成，在手部配置有触觉、力觉、视

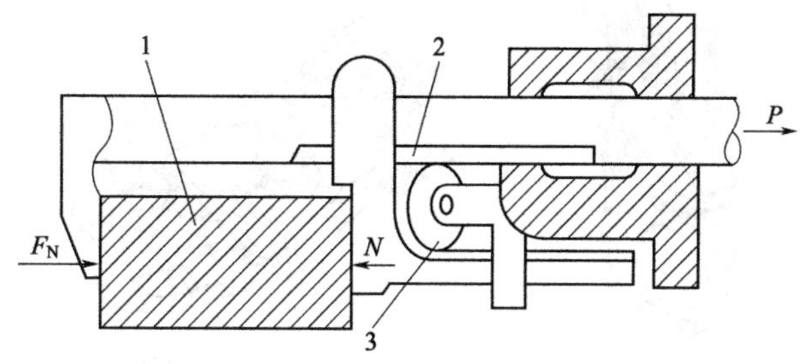

图 2-27　齿轮齿条移动式手爪
1—工件；2—齿条；3—齿轮

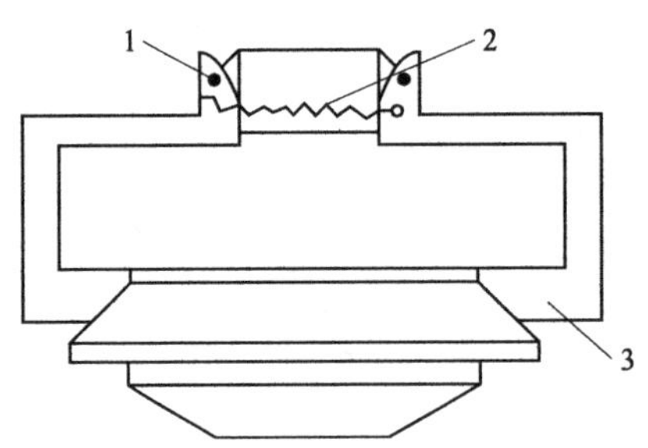

图 2-28 重力式钳爪

1—销；2—弹簧；3—钳爪

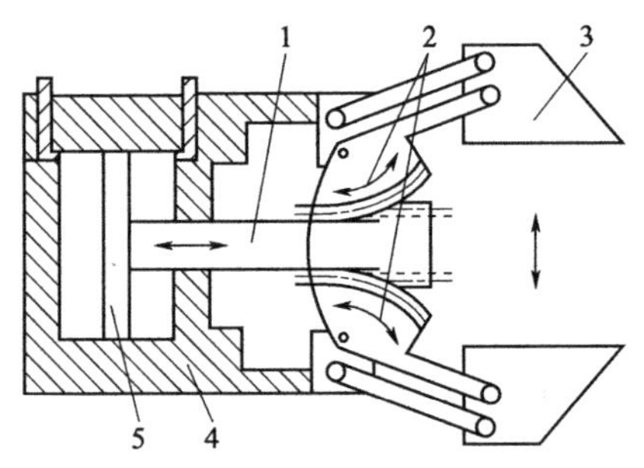

图 2-29 平行连杆式钳爪

1—齿条；2—扇形齿轮；3—钳爪；
4—气缸；5—活塞

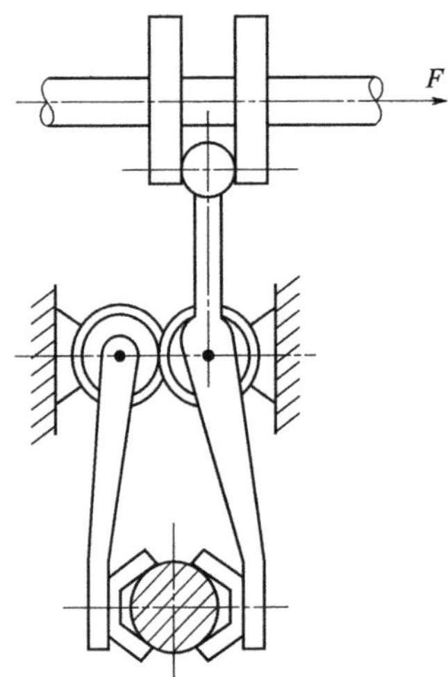

图 2-30 拨杆杠杆式钳爪

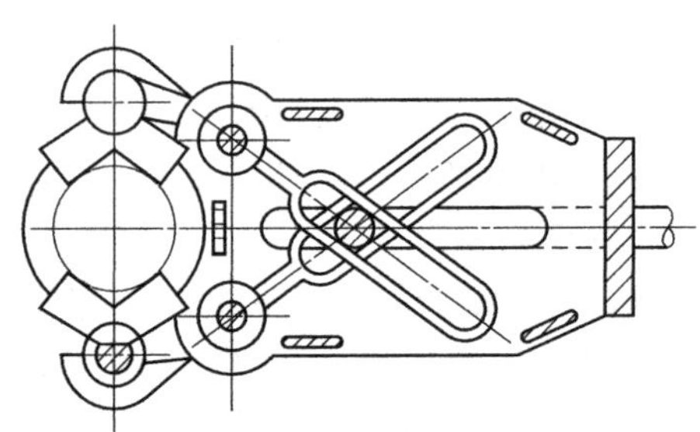

图 2-31 自动调整式钳爪

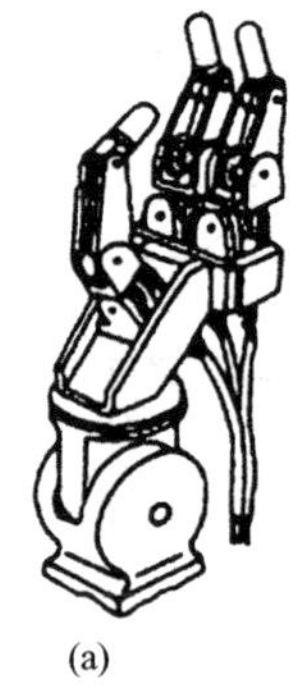

(a)

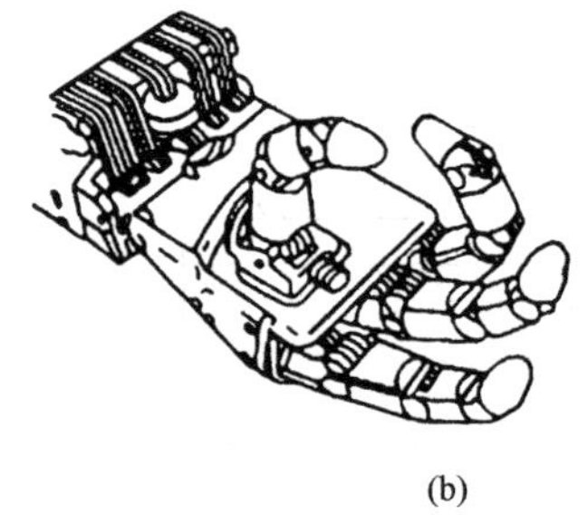

(b)

图 2-32 多指灵巧手

觉、温度传感器，可使多指灵巧手更趋于完美。多指灵巧手的应用前景十分广泛，可在各种极限环境下完成人无法实现的操作，如在核工业领域内，在宇宙空间，在高温、高压、高真空环境下作业等。

2.5.2.2　吸附式手部结构

吸附式手部即为吸盘，主要有磁力吸附式和真空吸附式两种。

(1) 磁力吸附式

磁力吸盘的手部装上了电磁铁，通过磁场吸力把工件吸住，有电磁吸盘和永磁吸盘两种。图2-33(a) 所示为电磁吸盘的工作原理：当线圈1通电后，在铁芯2内外产生磁场，磁力线经过铁芯、空气隙和衔铁3被磁化并形成回路，衔铁受到电磁吸力的作用被牢牢吸住。实际使用时，往往采用如图2-33(b) 所示的盘式电磁铁。衔铁是固定的，在衔铁内用隔磁材料将磁力线切断，当衔铁接触由铁磁材料制成的工件时，工件将被磁化，形成磁力线回路并受到电磁吸力而被吸住。一旦断电，电磁吸力将消失，工件因此被松开。若采用永久磁铁作为吸盘，则必须强制性取下工件。

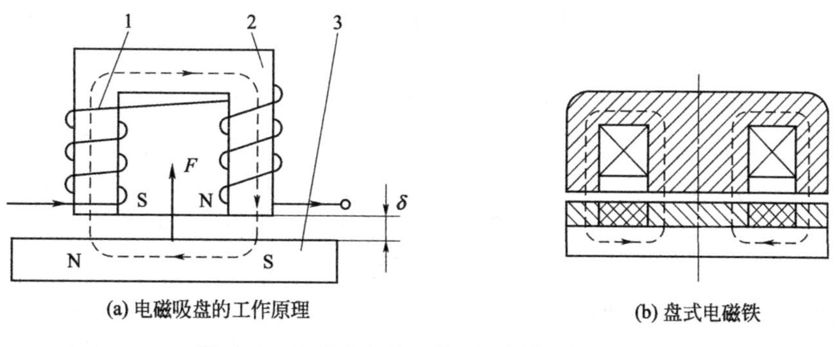

图2-33　电磁吸盘的工作原理与盘式电磁铁

磁力吸盘只能吸住由铁磁材料制成的工件，吸不住采用非铁磁质金属和非金属材料制成的工件。磁力吸盘的缺点是被吸取过的工件上会有剩磁，且吸盘上常会吸附一些铁屑，致使其不能可靠地吸住工件。磁力吸盘只适用于工件对磁性要求不高或有剩磁也无妨的场合。对于不准有剩磁的工件，如钟表零件，不能选用磁力吸盘。所以，磁力吸盘的应用有一定的局限性，在工业机器人中使用较少。设计计算主要是电磁吸盘中电磁铁吸力的计算，其中包括铁芯截面积、磁力吸盘的线圈导线直径、线圈匝数等参数的设计。此外，还要根据实际应用环境选择工作情况系数和安全系数。

(2) 真空吸附式

真空吸附式手部主要用于搬运体积大、重量轻（如冰箱壳体、汽车壳体等）、易碎（如玻璃、磁盘等）或体积微小但不易抓取的物体，在工业自动化生产中得到了广泛的应用。一个典型的真空吸附系统由真空源、控制阀、真空吸盘及辅件组成。下面介绍真空吸附式手部系统设计的关键问题。

① 真空源的选择　真空源是真空系统的“心脏”部分，可分为真空泵与真空发生器两大类。

真空泵是比较常用的真空源，长期以来广泛地应用于工业和生活的各个方面。真空泵的结构和工作原理与空气压缩机相似，不同的是真空泵的进气口是负压，排气口是大气压。真空吸附系统一般对真空度要求不高，属低真空范围，主要使用各种类型的机械式真空泵。

真空发生器是一种新型的真空源，它以压缩空气为动力源，利用在文丘里管中流动、喷射的高速气体对周围气体的卷吸作用来产生真空。真空发生器本身无运动部件、不发热、结构简单、价格便宜，因此，在某些应用场合有代替真空泵的趋势。

对于一个确定的真空吸附系统，应从以下三方面考虑真空源的选择：a. 如果有压缩空气源，应选用真空发生器，这样可以不增加新吸气口的动力源，从而可简化设备结构；b. 对于真空连续工作的场合，优先选用真空泵，对于真空间歇工作的场合，可选用真空发生器；c. 对于易燃、易爆、多尘埃的恶劣工作环境，优先选用真空发生器。

② 真空吸盘　真空吸盘按结构可分为普通型与特殊型两大类。

普通型吸盘一般用来吸附表面光滑平整的工件，如玻璃、瓷砖、钢板等。吸盘的材料有丁腈橡胶、硅橡胶、聚氨酯、氟橡胶等。要根据工作环境对吸盘耐油、耐水、耐腐、耐热、耐寒等性能的要求，选择合适的材料。普通吸盘橡胶部分的形状一般为碗状，但异形的也可使用。这要视工件的形状而定。吸盘的形状可为长方形、圆形和圆弧形等。常用的几种普通型吸盘的结构如图 2-34 所示。图 2-34(a) 所示为普通型直进气吸盘，靠头部的螺纹可直接与真空发生器的吸气口相连，使吸盘与真空发生器成为一体，结构非常紧凑。图 2-34(b) 所示为普通型侧向进气吸盘，其中弹簧用来缓冲吸盘部件的运动惯性，可减小对工件的撞击力。图 2-34(c) 所示为带支撑楔的吸盘，这种吸盘结构稳定，变形量小，并能在竖直吸吊物体时产生更大的摩擦力。图 2-34(d) 所示为采用金属骨架，由橡胶压制而成的碟形大直径吸盘，吸盘采用双重密封结构面，大径面为轻吮吸启动面，小径面为吸附有效作用面。柔软的轻吮吸启动使得吸附动作特别轻柔，不伤工件，且易于吸附。图 2-34(e) 所示为波纹形吸盘，其可利用波纹的变形来补偿高度的变化，往往用于吸附工件高度变化的场合。图 2-34(f) 所示为球铰式吸盘，吸盘可自由转动，以适应工件吸附表面的倾斜，转动范围可达 30°～50°，吸盘体上的抽吸孔通过贯穿球节的孔，与安装在球节端部的吸盘相通。

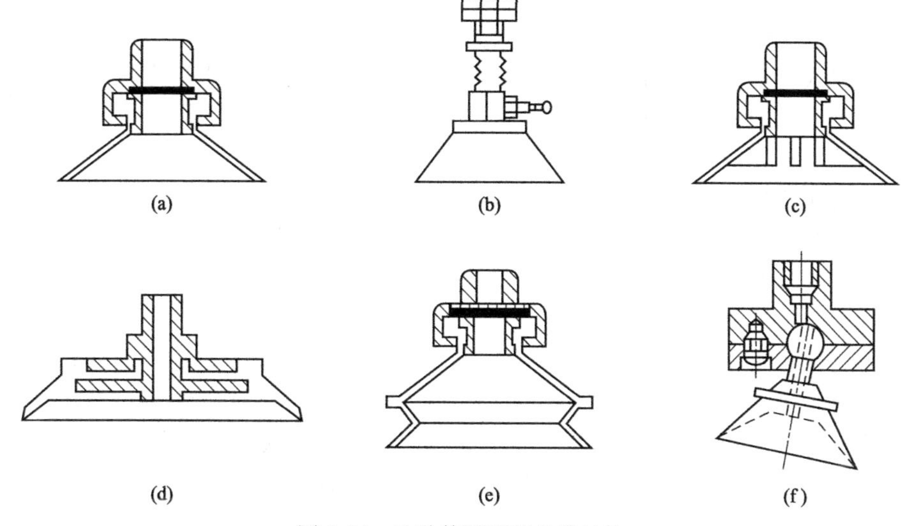

图 2-34　几种普通型吸盘的结构

2.6　工业机器人行走机构设计

机器人可以分为固定式和行走式两种，一般的工业机器人大多是固定式的，还有一部分可以沿固定轨道移动，但是随着海洋开发、原子能工业及宇宙空间事业的发展，可以预见，具有一定智能的可移动的行走式机器人将是今后机器人发展的方向之一，并将在上述领域内得到广泛的应用。

行走机构是行走式机器人的重要执行部件，它由行走驱动装置、传动机构、位置检测元件、传感器、电缆及管路等组成。行走机构一方面支承机器人的机身、臂部和手部，因而必须具有足够的刚度和稳定性；另一方面，还需根据作业任务的要求，实现机器人在更广阔的空间内的运动。

行走机构按其运动轨迹可分为固定轨迹式和无固定轨迹式两类。固定轨迹式行走机构主要用于工业机器人，如横梁式机器人。无固定轨迹式行走机构根据其结构特点分为轮式行走机构、履带式行走机构和关节式行走机构等。在行走过程中，前两种行走机构与地面连续接触，其形态为运行车式，应用较多，一般用于野外、较大型作业场合，也比较成熟；后一种与地面为间断接触，为动物的腿脚式，该类机构正在发展和完善中。

行走机构根据其结构分为车轮式、步行式、履带式和其他方式。

2.6.1　车轮式行走机构

车轮式行走机构具有移动平稳、能耗小，以及容易控制移动速度和方向等优点，因此得到了普遍的应用，但这些优三点只有在平坦的地面上才能发挥出来。目前应用的车轮式行走机构主要为三轮式或四轮式。

三轮式行走机构具有最基本的稳定性，其主要问题是如何实现移动方向的控制。典型车轮的配置方法是一个前轮，两个后轮，前轮作为操纵舵，用来改变方向，后轮用来驱动；另一种是用后两轮独立驱动，另一个轮仅起支承作用，并靠两轮的转速差或转向来改变移动方向，从而实现整体灵活的、小范围的移动。不过，要做较长距离的直线移动时，两驱动轮的直径差会影响前进的方向。

四轮式行走机构也是一种应用广泛的行走机构，其基本原理类似于三轮式行走机构，图 2-35 所示为四轮式行走机构。其中图 2-35(a)、(b) 所示机构采用了两个驱动轮和两个自位轮；图 2-35(c) 所示是和汽车行走方式相同的移动机构，转向部分采用了四连杆机构，回转中心大致在后轮车轴的延长线上；图 2-35(d) 所示机构可以独立地进行左、右转向，因而可以提高回转精度；图 2-35(e) 所示机构的全部轮子都可以进行转向，能够减小转弯半径。

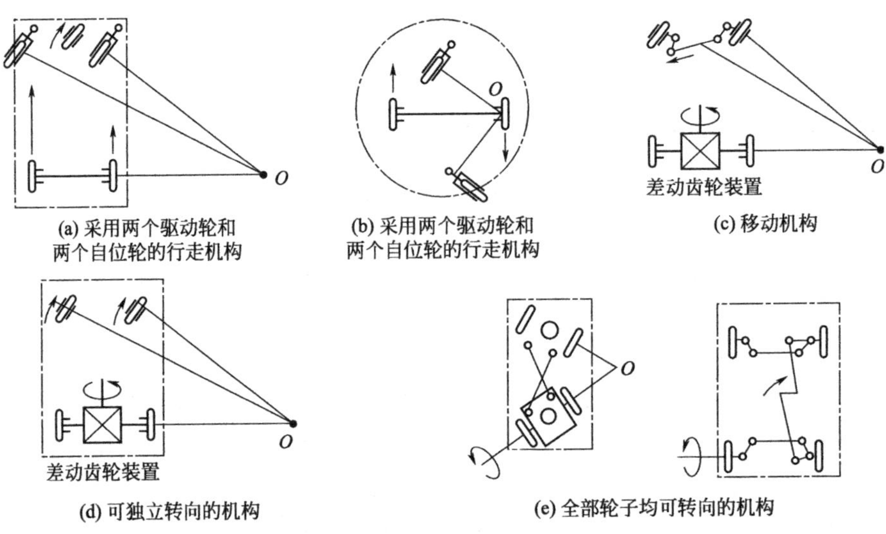

图 2-35　四轮式行走机构

在四轮式行走机构中，自位轮可沿其回转轴回转，直至转到要求的方向上为止，这期间驱动轮产生带动，因而很难求出正确的移动量。另外，用转向机构改变运动方向时，在静止状态下行走机构会产生很大的阻力。

2.6.2　履带式行走机构

履带式行走机构的特点很突出，采用该类行走机构的机器人可以在凹凸不平的地面上行走，也可以跨越障碍物爬不太高的台阶等。一般类似于坦克的履带式机器人，由于没有自位轮和转向机构，要转弯时只能靠左、右两个履带的速度差，所以不仅在横向，而且在前进方向上也会产生滑动，转弯阻力大，不能准确地确定回转半径。

图 2-36(a) 所示是主体前、后装有转向器的履带式机器人，它没有上述的缺点，可以上、下台阶。它具有提起机构，该机构可以使转向器绕着图中的 A—A 轴旋转，这使得机器人上、下台阶非常顺利，能实现诸如用折叠方式向高处伸臂、在斜面上保持主体水平等各种各样的姿势。图 2-36(b) 所示机器人的履带形状可为适应台阶形状而改变，也比一般履带式机器人的动作更为自如。

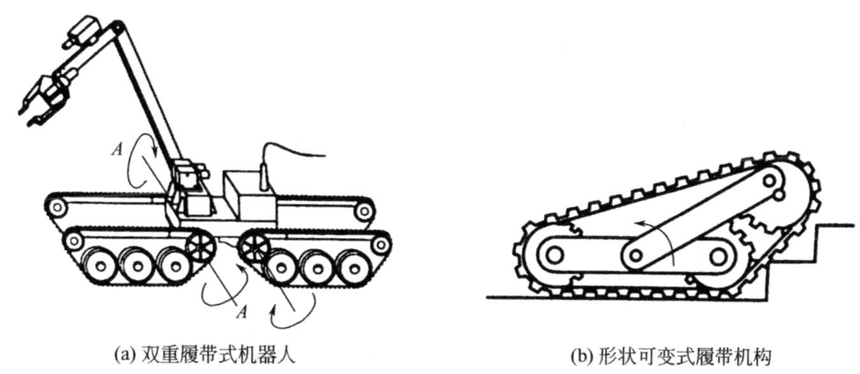

(a) 双重履带式机器人　　(b) 形状可变式履带机构

图 2-36　履带式机器人

2.6.3　步行机构

类似于动物那样，利用脚部关节机构、用步行方式实现移动的机构，称为步行机构，采用步行机构的步行机器人能够在凹凸不平的地上行走、跨越沟壑，还可以上、下台阶，因而具有广泛的适应性，但控制上有相当的难度，完全实现上述要求的实际例子很少。步行机构有两足、三足、四足、六足、八足等形式，其中两足步行机构具有最好的适应性，也最接近人类，又称为类人双足行走机构。

两足步行机构原理见图 2-37。两足步行机构是多自由度的控制系统，是现代控制理论很好的应用对象。这种机构结构简单，但其静、动行走性能及稳定性和高速运动性能都较难实现。两足步行机构是一空间连杆机构，在行走过程中，行走机构始终满足静力学的静平衡条件，也就是机器人的重心始终落在支持地面的一脚上，如图 2-38 所示，这种行走方式称为静止步态行走。

两足步行机器人的动步行有效地利用了惯性力和重力。人的步行就是动步行，动步行的典型例子是踩高跷。高跷与地面只是单点接触，两根高跷在地面不动时人想站稳是非常困难的。要想原地停留，必须不断踏步，不能总是保持步行中的某种瞬间姿态。

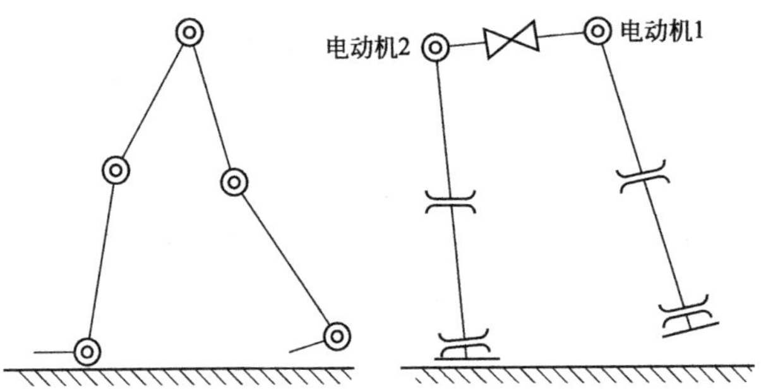

图 2-37　两足步行机构原理图

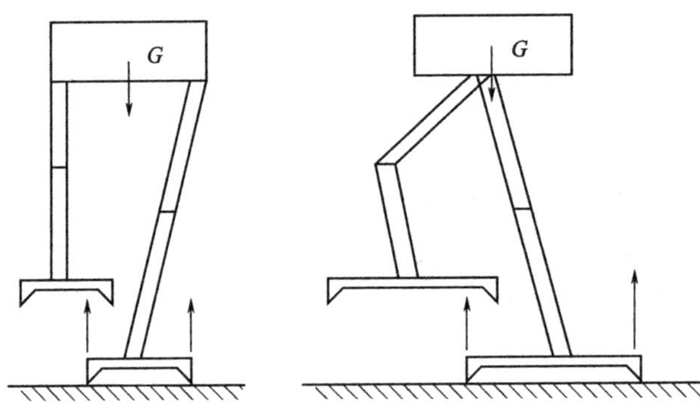

图 2-38　两足步行机构的静止步态

2.7　SCARA 机器人机械系统设计实例

SCARA 是 selective compliance assembly robot arm 的缩写，意思是一种应用于装配作业的机器人手臂。SCARA 机器人（图 2-39 为 SCARA 机械手臂）有

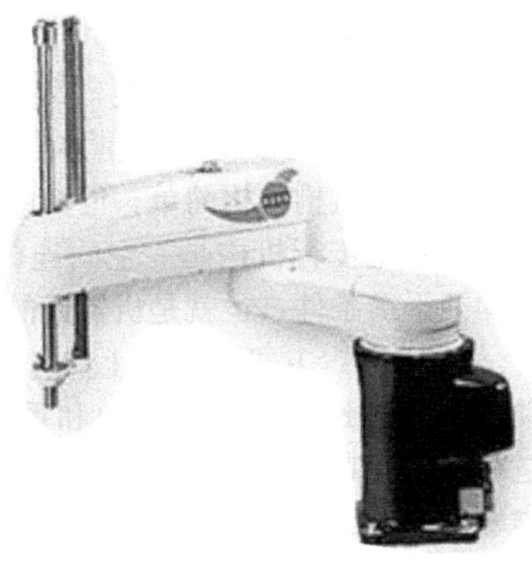

图 2-39　SCARA 机械手臂

三个旋转关节，其轴线相互平行，在平面内进行定位和定向。还有一个关节是移动关节，用于完成末端件在垂直于平面的运动。SCARA 机器人还广泛应用于塑料工业、汽车工业、电子产品工业、药品工业和食品工业等领域。它的主要职能是搬取零件和装配工作。

SCARA 机器人机械系统（图 2-40 为 SCARA 机械臂结构示意图）的设计主要包括传动部分、执行部分、驱动部分和 Solidworks 三维实体建模装配。主要有以下步骤：

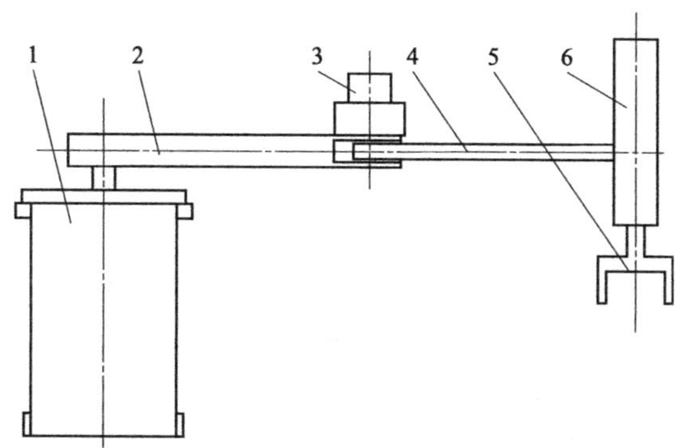

图 2-40　SCARA 机械臂结构示意图

1—底座；2—大臂；3—电机；4—小臂；5—腕部（回转）；6—腕部（升降）

① 确定 SCARA 机器人（图 2-41 为 SCARA 机器人外形尺寸图）的整体机械结构方案，进行零部件的结构强度计算和校核；

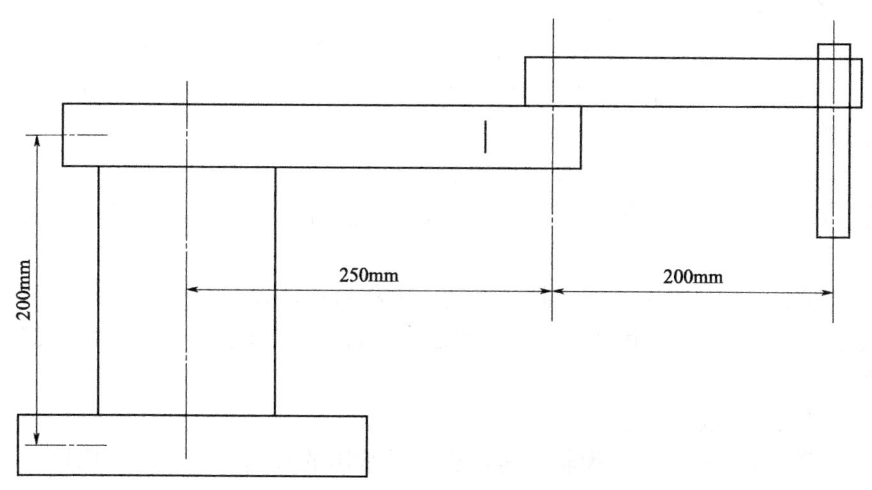

图 2-41　SCARA 机器人外形尺寸图

② 机器人的执行机构设计，包括手臂和手部、腕部的机械机构设计，谐波

驱动装置、同步带和丝杠选用；

③ 用三维软件 Solidworks 完成 SCARA 机器人（图 2-42 为 SCARA 机器人内部结构三维实体图）内部结构的三维实体装配和机器人各零部件图的绘制。

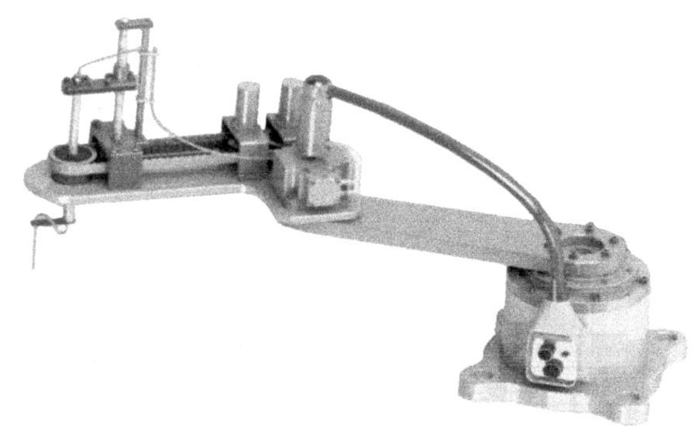

图 2-42 SCARA 机器人内部结构三维实体图

（1）SCARA 机器人传动方案的比较及确定

初步确定以下两种可行方案：

方案一：大臂转动采用谐波减速，小臂转动采用二级同步带减速，升降轴采用丝杠螺母传动，手腕转动采用步进电机直接驱动。这种方案主要考虑了传动链的简化，结构比较简单易行。

方案二：大臂转动采用齿轮减速，小臂转动采用二级同步带传动，升降轴采用一级齿带传动加齿轮齿条以实现升降运动。

方案一具有以下特点：

① 第一个自由度采用谐波减速器，适合结构特点，减速比大、体积小、重量轻、精度高、回差小、承载能力大、噪声小、效率高、定位安装方便，由于使用标准件，价格也不高。

② 第二个自由度采用二级同步齿形带减速，充分利用了大臂的空间，结构紧凑，传动比恒定，传动功率大，效率较高，但对安装有一定要求，需加调整装置。

③ 第三个自由度采用丝杠螺母传动。电机直接驱动丝杠螺母传动的同时兼有减速的作用，把旋转运动转变为直线运动，传动精度较高，丝杠有自锁功能，速度不宜过高。

方案二具有以下特点：

① 第一个自由度采用齿轮减速，这是最常用的减速方法，传动比恒定，传动效率高，工作可靠，使用寿命长，结构紧凑，传递功率大，但传动精度低，噪声大，传动比小。齿轮的加工成本比较高，体积和重量都比较大。

② 第三个自由度采用了齿带加齿轮齿条传动，基本具备齿轮传动的特点，

传递功率大，传动效率高，精度低，有噪声，传动比小，工作可靠，但需要平衡装置，不能自锁。

③ 其他方面与方案一基本相同。

两方案相比较，在传动的实现上，二者都是可行的。方案一结构比较简单，各传动元件的定位比较容易实现；方案二结构较为复杂，各部分定位都需仔细考虑。外观上，方案二显得更好一些。传动精度方面，显然方案一比较高。成本上考虑，方案一采用标准件较多，零部件较少，且比较规则，易于加工，丝杠螺母在精度要求不高的情况下，加工成本也不是很高；方案二用了很多齿轮，需专门设备加工，且各定位部件形状不规则，加工困难，这都使成本增加。故综合考虑，选择方案一。

(2) 机器人驱动方案的对比分析及选择

对机器人驱动装置的一般要求如下：

① 驱动装置的重量尽可能要轻，单位重量的输出功率（即功率/重量）要高，效率也要高；

② 反应速度要快，即要求力与重量比和力矩与惯量比要大；

③ 动作平滑，不产生冲击；

④ 控制尽可能灵活，位移偏差和速度偏差要小；

⑤ 安全可靠；

⑥ 操作和维护方便；

⑦ 对环境无污染，噪声要小；

⑧ 经济上合理，尤其是要尽量减少占地面积。

(3) 机器人驱动方式的选择

通常的机器人驱动方式有以下四种 ：

① 步进电动机　可直接实现数字控制，控制结构简单，控制性能好，而且成本低廉；通常不需要反馈就能对位置和速度进行控制；位置误差不会积累；步进电动机具有自锁能力（变磁阻式）和保持转矩（永磁式）的能力，这对于控制系统的定位是有利的，适于传动功率不大的关节或小型机器人 。

② 直流伺服电动机　直流伺服电动机具有良好的调速特性，较大的启动力矩，相对功率大及快速响应等特点，并且控制技术成熟。但其结构复杂，成本较高，而且需要外围转换电路与微机配合实现数字控制。若使用直流伺服电动机，还要考虑电刷放电对实际工作的影响。

③ 交流伺服电动机　交流伺服电动机结构简单，运行可靠，使用维修方便，与步进电动机相比价格要贵一些。随着可关断晶闸管 GTO、大功率晶闸管 GTR 和场效应管 MOSFET 等电力电子器件，脉冲调宽技术（PWM）和计算机控制技术的发展，使交流伺服电动机在调速性能方面可以与直流电动机媲美。它采用 16 位 CPU＋32 位 DSP 三环（位置、速度、电流）全数字控制，增量式码盘的

反馈可达到很高的精度。三倍过载输出扭矩可以实现很大的启动功率，提供很高的响应速度。

④ 液压伺服马达　液压伺服马达具有较大的功率体积比，运动比较平稳，定位精度较高，负载能力也比较大，能够抓住重负载而不产生滑动，从体积、重量及要求的驱动功率这几项关键技术考虑，不失为一个合适的选择方案。但是，其费用较高，其液压系统经常出现漏油现象。为避免本系统也出现同类问题，在可能的前提下，本系统将尽量避免使用该种驱动方式。

SCARA 机器人负载并不大，决定了机器人必须质量小（10～20kg），另外其作业范围也不大，所以机器人必须体积小。这些特点决定了它的驱动方式。又通过以上比较，由于步进电动机的诸多优点，初选上述方案中的步进电动机方案进行详细的计算和选择，并在此基础上参考同类机器人的驱动方案。

SCARA 机器人两个关节均选用步进电动机驱动。机器人大臂、小臂均采用了二级齿带传动，升降轴采用一级齿带加齿轮齿条实现升降运动。

第3章 工业机器人驱动系统设计

3.1 工业机器人驱动装置类型及特点

要使工业机器人运行起来，需给工业机器人各个关节即每个运动自由度安置传动装置，这就是工业机器人驱动装置。这个装置提供了工业机器人各部位、各关节动作的原动力。

驱动系统分为液压传动、气动传动、电动传动，或者把它们结合起来应用的综合系统；可以是直接驱动，还可以是通过同步带、链条、轮系、谐波齿轮等机械传动机构进行间接驱动。

(1) 电动驱动装置

电动驱动装置的能源简单，速度变化范围大，效率高，速度和位置精度都很高。但它们多与减速装置相连，直接驱动比较困难。

电动驱动装置又可分为直流（DC）、交流（AC）伺服电动机驱动和步进电动机驱动。直流伺服电动机电刷易磨损，且易形成火花。无刷直流电动机也得到了越来越广泛的应用。步进电动机驱动多为开环控制，控制简单但功率不大，多用于低精度小功率机器人系统。

电动装置上电运行前要做如下检查：

① 电源电压是否合适（过压很可能造成驱动模块的损坏）；对于直流输入的正负极性一定不能接错，驱动控制器上的电动机型号或电流设定值是否合适（开始时不要太大）。

② 控制信号线接牢靠，工业现场最好要考虑屏蔽问题（如采用双绞线）。

③ 不要开始时就把需要接的线全接上，只连成最基本的系统，运行良好后，再逐步连接。

④ 一定要搞清楚接地方法，还是采用浮空不接。

⑤ 开始运行的半小时内要密切观察电动机的状态，如运动是否正常，声音和温升情况，发现问题立即停机调整。

(2) 液压驱动装置

通过高精度的缸体和活塞来完成，通过缸体和活塞杆的相对运动实现直线运动。优点：功率大，可省去减速装置直接与被驱动的杆件相连，结构紧凑，刚度好，响应快，伺服驱动具有较高的精度。缺点：需要增设液压源，易产生液体泄漏，不适合高、低温场合，故液压驱动目前多用于特大功率的机器人系统。

液压驱动装置使用中应注意以下内容：

① 选择适合的液压油，防止固体杂质混入液压系统，防止空气和水侵入液压系统。

② 机械作业要柔和平顺，应避免粗暴，否则必然产生冲击负荷，使机械故障频发，大大缩短使用寿命。

③ 要注意汽蚀和溢流噪声。作业中要时刻注意液压泵和溢流阀的声音，如果液压泵出现“汽蚀”噪声，经排气后不能消除，应查明原因排除故障后才能使用。

④ 保持适宜的油温。液压系统的工作温度一般控制在 30～80℃之间为宜。

(3) 气压驱动装置

气压驱动装置的结构简单，清洁，动作灵敏，具有缓冲作用。但与液压驱动装置相比，功率较小，刚度差，噪声大，速度不易控制，所以多用于精度不高的点位控制工业机器人。

① 这种装置具有速度快、系统结构简单、维修方便、价格低等特点，适于在中、小负荷的机器人中采用。但因难以实现伺服控制，多用于程序控制的机器人中，如在上、下料和冲压机器人中应用较多。

② 在多数情况下用于实现两位式或有限点位控制的中、小机器人中。

③ 控制装置目前多数选用可编程控制器（PLC 控制器）。在易燃、易爆场合下可采用气动逻辑元件组成控制装置。

3.2 工业机器人驱动系统选用原则

工业机器人驱动系统的选用，应根据工业机器人的性能要求、控制功能、运行的功耗、应用环境及作业要求、性能价格比以及其他因素综合加以考虑。应在充分考虑各种驱动系统特点的基础上，在保证工业机器人性能规范、可行性和可靠性的前提下做出决定。一般情况下，各种机器人驱动系统的设计选用原则大致如下：

① 控制方式　物料搬运（包括上、下料）、冲压用的有限点位控制的程序控制机器人，低速重负载的可选用液压驱动系统；中等负载的可选用电动驱动系统；轻负载、高速的可选用气动驱动系统。冲压机器人多选用气动驱动系统。用于点焊、弧焊及喷涂作业的工业机器人，要求只有任意点位和连续轨迹控制功

能，需采用伺服驱动系统，例如电液伺服和电动伺服驱动系统。在要求控制精度较高（如点焊、弧焊等工业机器人）时，多采用电动伺服驱动系统。重负载的搬运机器人及需防爆的喷涂机器人可采用电液伺服控制。

② 作业环境要求　从事喷涂作业的工业机器人，由于工作环境需要防爆，考虑到其防爆性能，多采用电液伺服驱动系统和具有本质安全型防爆的交流电动伺服驱动系统。水下机器人、核工业专用机器人、空间机器人，以及在腐蚀性、易燃易爆气体、放射性物质环境下工作的移动机器人，一般采用交流伺服驱动。如要求在洁净环境中使用，则多要求采用直接驱动电动机驱动系统。

③ 操作运行速度　对于装配机器人，由于要求其具有很高的点位重复精度和较高的运行速度，通常在运行速度相对较低的情况下，可采用 AC（交流）、DC（直流）或步进电动机伺服驱动系统。在速度、精度要求均很高的条件下，多采用直接驱动（DD）电动机驱动系统。

3.3　电液伺服系统

电液伺服系统是一种由电信号处理装置和液压动力机构组成的反馈控制系统。电液伺服系统的分类方法很多，可以从不同角度分类，如位置控制、速度控制、力控制等。典型系统有阀控电液伺服系统、泵控电液伺服系统，大功率系统，小功率系统，开环控制系统、闭环控制系统等。

根据输入信号的形式不同，又可分为模拟伺服系统和数字伺服系统两类。

（1）模拟伺服系统

在模拟伺服系统中，全部信号都是连续的模拟量。在此系统中，输入信号、反馈信号、偏差信号及其放大、校正都是连续的模拟量。电信号可以是直流量，也可以是交流量。直流量和交流量的相互转换可以通过调制器或解调器完成。

模拟伺服系统重复精度高，但分辨能力较低（绝对精度低）。伺服系统的精度在很大程度上取决于检测装置的精度，而模拟式检测装置的精度一般低于数字式检测装置，所以模拟伺服系统分辨能力低于数字伺服系统。另外模拟伺服系统中微小信号容易受到噪声和零漂的影响，因此当输入信号接近或小于输入端的噪声和零漂时，就不能进行有效的控制了。

（2）数字伺服系统

在数字伺服系统中，全部信号或部分信号是离散参量。因此数字伺服系统又分为全数字伺服系统和数字-模拟伺服系统两种。在全数字伺服系统中，动力元件必须能够接收数字信号，可采用数字阀或电液步进马达。数控装置发出的指令脉冲与反馈脉冲相比较后产生数字偏差，经数模转化器把信号变为模拟偏差电压，后面的动力部分不变，仍是模拟元件。系统输出通过数字检测器（即模数转换器）变为反馈脉冲信号。

电液伺服系统综合了电气和液压两方面的优点，具有控制精度高、响应速度快、输出功率大、信号处理灵活、易于实现各种参量的反馈等优点。因此，在负载质量大又要求响应速度快的场合最为适合，其应用已遍及国民经济的各个领域，比如飞机与船舶舵机的控制、雷达与火炮的控制、机床工作台的位置控制、板带轧机的板厚控制、电炉冶炼的电极位置控制、各种飞机汽车里的模拟台的控制、发电机转速的控制、材料试验机及其他实验机的压力控制等。

电液伺服系统也在不断地进步，其中泵控电液伺服系统是近十年来国际液压技术界的一项重大技术创新成果。泵控电液伺服系统通过改变电动机的转速和方向，使定量泵的输出流量发生变化，从而改变液压执行机构的速度和方向，实现液压系统的速度和位置控制。系统采用普通异步电动机＋电液伺服专用泵＋油泵电动机伺服控制器，实现油泵电动机的无级调速，使油泵的供油量与实际流量需求相一致，几乎消除溢流现象，减少甚至完全消除待机和保压时的能量消耗，以达到节能的目的。

3.4 气动驱动系统

气动驱动系统多应用于两位式或有限点位控制的工业机器人（如冲压机器人）中，或作为装配机器人的气动夹具及应用于点焊等较大型通用机器人的气动平衡中，其组成结构框图如图 3-1 所示。机器人气动驱动系统常用的气动元件组成见表 3-1。

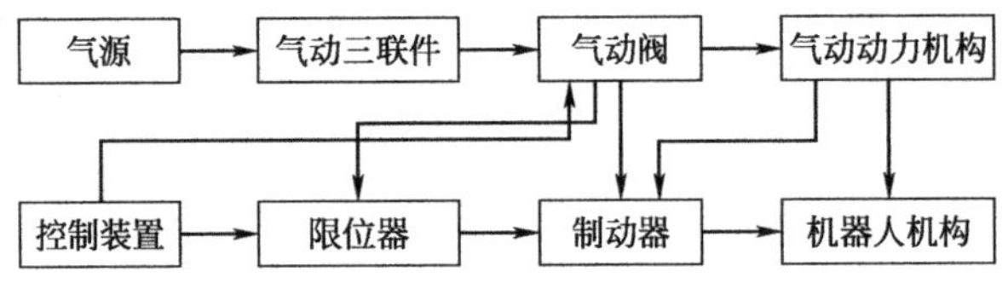

图 3-1　机器人气动驱动结构框图

表 3-1　常用的气动元件组成

元件名称	组成
气源	包括空气压缩机、储气罐、气水分离器、调压器、过滤器等
气动三联件	由分水滤气器、调压器和油雾器组成
气动阀	包括电磁气阀、节流调速阀和减压阀等
气动动力机构	多采用直线气缸和摆动气缸

ZH5-R002 机器人气动系统简图如图 3-2 所示。

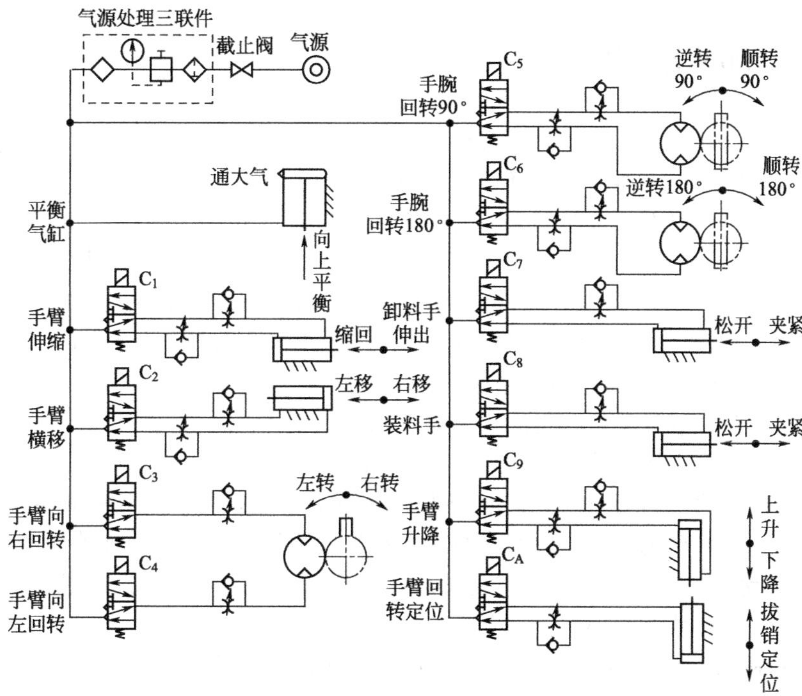

图 3-2　ZH5-R002 机器人气动系统简图

(1) 气动装置的优点

① 气动装置结构简单、轻便，安装维护简单，压力等级低，故使用安全。

② 工作介质是取之不尽的空气，空气本身不花钱，排气处理简单，不污染环境，成本低。

③ 输出力以及工作速度的调节非常容易。气缸的动作速度一般小于 1m/s，比液压和电气方式的动作速度快。

④ 全气动控制具有防火、防爆、防潮的能力。与液压方式相比，气动方式可在高温场合使用。

⑤ 利用空气的压缩性，可贮存能量，实现集中供气。可短时间释放能量，以获得间歇运动中的高速响应。可实现缓冲，对冲击负载和过负载有较强的适应能力。在一定条件下，可使气动装置有自保持能力。

⑥ 由于空气流动损失小，压缩空气可集中供应，远距离输送。

⑦ 全气动控制具有防火、防爆、防潮的能力。与液压方式相比，气动方式可在高温场合使用。

(2) 气动装置的缺点

① 与液动装置相比结构较大，不适于大口径高压力的阀门。

② 因气体有削减性，所以速度不易均匀。

3.5 电动驱动系统

机器人电动驱动系统是利用各种电动机产生的力矩和力，直接或间接地驱动机器人本体以获得机器人的各种运动的执行机构。

对于工业机器人关节驱动的电动机，要求有最大功率质量比和扭矩惯量比、高启动转矩、低惯量和较宽广且平滑的调速范围。特别是像机器人末端执行器（手爪）应采用体积、质量尽可能小的电动机，尤其是要求快速响应时，伺服电动机必须具有较高的可靠性和稳定性，并且具有较大的短时过载能力。这是伺服电动机在工业机器人中应用的先决条件。

机器人对关节驱动电动机的主要要求归纳如下：

① 快速性。电动机从获得指令信号到完成指令所要求的工作状态的时间应短。响应指令信号的时间愈短，电伺服系统的灵敏性愈高，快速响应性能愈好，一般是以伺服电动机的机电时间常数的大小来说明伺服电动机快速响应的性能。

② 启动转矩惯量比大。在驱动负载的情况下，要求机器人的伺服电动机的启动转矩大，转动惯量小。

③ 控制特性的连续性和直线性，随着控制信号的变化，电动机的转速能连续变化，有时还需转速与控制信号成正比或近似成正比。

④ 调速范围宽。能使用于 1∶(1000～10000) 的调速范围。

⑤ 体积小、质量小、轴向尺寸短。

⑥ 能经受得起苛刻的运行条件，可进行十分频繁的正反向和加减速运行，并能在短时间内承受过载。

目前，由于高启动转矩、大转矩、低惯量的交、直流伺服电动机在工业机器人中得到广泛应用，一般负载 1000N（相当 100kgf）以下的工业机器人大多采用电伺服驱动系统。所采用的关节驱动电动机主要是 AC 伺服电动机、步进电动机和 DC 伺服电动机。其中，交流伺服电动机、直流伺服电动机、直接驱动电动机（DD）均采用位置闭环控制，一般应用于高精度、高速度的机器人驱动系统中。步进电动机驱动系统多适用于对精度、速度要求不高的小型简易机器人开环系统中。交流伺服电动机由于采用电子换向，无换向火花，在易燃易爆环境中得到了广泛的使用。机器人关节驱动电动机的功率范围一般为 0.1～10kW。

工业机器人驱动系统中所采用的电动机，大致可细分为以下几种：

① 交流伺服电动机　包括同步型交流伺服电动机及反应式步进电动机等。

② 直流伺服电动机　包括小惯量永磁直流伺服电动机、印制绕组直流伺服电动机、大惯量永磁直流伺服电动机、空心杯电枢直流伺服电动机。

③ 步进电动机　包括永磁感应步进电动机。

速度传感器多采用测速发电机和旋转变压器；位置传感器多用光电码盘和旋转变压器。近年来，国外机器人制造厂家已经在使用一种集光电码盘及旋转变压器功能为一体的混合式光电位置传感器，伺服电动机可与位置及速度检测器、制动器、减速机构组成伺服电动机驱动单元。

工业机器人电动机驱动原理如图 3-3 所示。

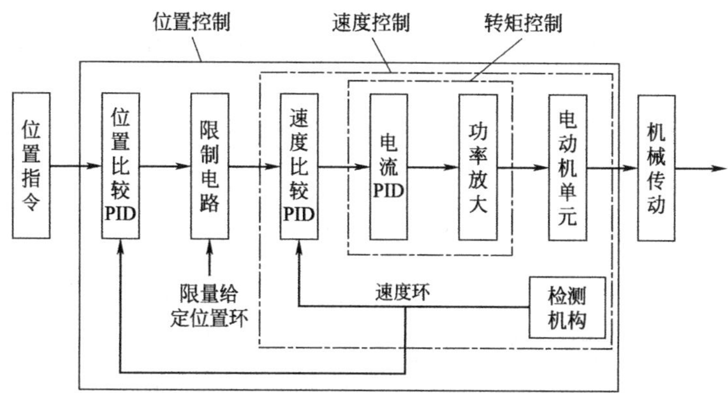

图 3-3　工业机器人电动机驱动原理框图

工业机器人电动伺服系统的一般结构为三个闭环控制，即电流环、速度环和位置环。目前国外许多电动机生产厂家均开发出与交流伺服电动机相适配的驱动产品，用户根据自己所需功能侧重不同而选择不同的伺服控制方式。

（1）直流伺服电动机驱动器

直流伺服电动机驱动器多采用脉宽调制（PWM）伺服驱动器，通过改变脉冲宽度来改变加在电动机电枢两端的平均电压，从而改变电动机的转速。

PWM 伺服驱动器具有调速范围宽、低速特性好、响应快、效率高、过载能力强等特点，在工业机器人中常作为直流伺服电动机驱动器。

（2）同步式交流伺服电动机驱动器

同直流伺服电动机驱动系统相比，同步式交流伺服电动机驱动器具有转矩转动惯量比高、无电刷及换向火花等优点，在工业机器人中得到广泛应用。

同步式交流伺服电动机驱动器通常采用电流型脉宽调制（PWM）相逆变器和具有电流环为内环、速度环为外环的闭环控制系统，以实现对三相永磁同步伺服电动机的电流控制。根据其工作原理、驱动电流波形和控制方式的不同，它又可分为两种伺服系统：

① 矩形波电流驱动的永磁交流伺服系统。

② 正弦波电流驱动的永磁交流伺服系统。

采用矩形波电流驱动的永磁交流伺服电动机称为无刷直流伺服电动机，采用正弦波电流驱动的永磁交流伺服电动机称为无刷交流伺服电动机。

(3) 步进电动机驱动器

步进电动机是将电脉冲信号变换为相应的角位移或直线位移的元件，它的角位移和线位移量与脉冲数成正比。转速或线速度与脉冲频率成正比。在负载能力的范围内，这些关系不因电源电压、负载大小、环境条件的波动而变化，误差不长期积累，步进电动机驱动系统可以在较宽的范围内，通过改变脉冲频率来调速，实现快速启动、正反转制动。作为一种开环数字控制系统，在小型机器人中得到较广泛的应用。但由于其存在过载能力差、调速范围相对较小、低速运动有脉动、不平衡等缺点，一般只应用于小型或简易型机器人中。步进电动机所用的驱动器，主要包括脉冲发生器、环形分配器和功率放大等几大部分，其原理框图如图 3-4 所示。

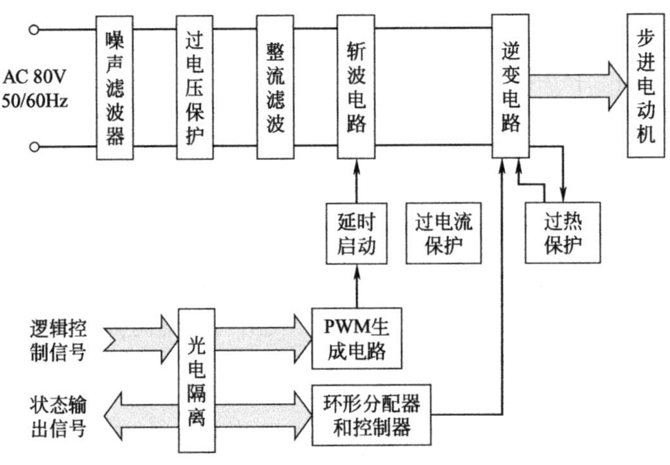

图 3-4 步进电动机驱动器原理框图

(4) 直接驱动电动机

所谓直接驱动（DD）系统，就是电动机与其所驱动的负载直接耦合在一起，中间不存在任何减速机构的系统。

同传统的电动机伺服驱动相比，DD 驱动减少了减速机构，从而减少了系统传动过程中减速机构所产生的间隙和松动，极大地提高了机器人的精度，同时也减少了由于减速机构的摩擦及传送转矩脉动所造成的机器人控制精度降低。而 DD 驱动由于具有上述优点，所以机械刚性好，可以高速高精度动作，且具有部件少、结构简单、容易维修、可靠性高等特点，在高精度、高速工业机器人应用中越来越引起人们的重视。

作为 DD 驱动技术的关键环节是 DD 电动机及其驱动器。它应具有以下特性：

① 输出转矩大：为传统驱动方式中伺服电动机输出转矩的 50～100 倍。

② 转矩脉动小：DD 电动机的转矩脉动可抑制在输出转矩的 5%～10%

以内。

③ 效率：与采用合理阻抗匹配的电动机（传统驱动方式下）相比，DD 电动机是在功率转换较差的使用条件下工作的。因此，负载越大，越倾向于选用较大的电动机。

目前，DD 电动机主要分为变磁阻型和变磁阻混合型，有以下两种结构形式：

① 双定子结构变磁阻型 DD 电动机；

② 中央定子型结构的变磁阻混合型 DD 电动机。

(5) 特种驱动器

① 压电驱动器。众所周知，利用压电元件的电或电致伸缩现象已制造出应变式加速度传感器和超声波传感器，压电驱动器利用电场能把几微米到几百微米的位移控制在微米级大小，所以压电驱动器一般用于特殊用途的微型机器人系统中。

② 超声波电动机。

③ 真空电动机，用于超洁净环境下工作的真空机器人，例如用于搬运半导体硅片的超真空机器人等。

3.6 自动搬运机器人驱动系统设计实例

自动搬运机器人驱动系统机械结构主要包括行走机构和车载机构两部分。

3.6.1 行走机构结构设计

行走机构采用轮式驱动方式，其结构外形示意图如图 3-5 所示。它的主要功能是使机器人按照设定，到达预先的位置。它由两个 24V 直流伺服电动机和两个万向轮组成。两个直流电动机安装在机器人的后方，分别驱动两个后轮，为机器人行动提供动力。车轮外加软性橡胶材料，以增加车轮摩擦系数。两个万向轮安装在机器人的前方，为机器人本体提供稳定的支撑，并跟随驱动轮的运动方向运动。

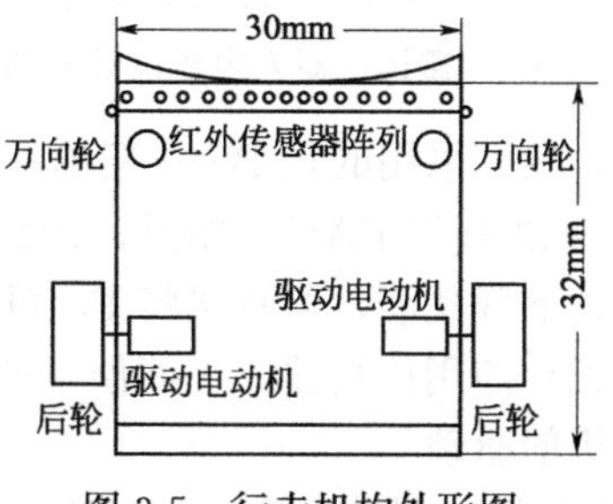

图 3-5　行走机构外形图

3.6.2 车载机构结构设计

车载机构的作用在于：当机器人到达指定的地点后，用从机械手拔除对方的模块（由于我方机器人带有颜色摄像头，因而可以识别敌、我模块），然后通过机械手转换机构，使正交排列的从机械手和主机械手同时逆时针转动90°，机器人前面的从机械手转到机器人左边，主机械手转到机器人正前方，机器人采用主机械手安放已方事先拿好的模块。由于比赛对机器人的总重量有要求，因而我们在设计上，从机械手重量较轻，功能上仅用于拔取和丢弃对方的模块。而主机械手则担任主要任务，用于搬运和安放自己的模块。主从机械手转换机构采用锥形齿轮传动，主、从机械手的采用，提高了我方机器人的效力。机械手的提升部分采用同步带传动，以提高稳定性。机械手的开爪部分在爪上加装了橡胶和海绵，以提高附着力。机械手的提升用电动机，机械手的开爪用电动机和主、从机械手的转换机构中的电动机，均采用带自锁力24V直流减速电动机，便于程序控制。

(1) 硬件系统设计

机器人电控系统的原理框图如图3-6所示。根据比赛要求，所有机器人总质量不超过50kg，动力源采用24V蓄电池。为此我们采用1.5A·h的铅酸蓄电池作动力源，铅酸蓄电池优点是过、充放电能力强，耐用，缺点是体积大、质量较大，考虑到我们设计的机器人其他部分较轻（机器人主干部分大都采用铝合金结构，整车质量仅为10.2kg），适当地增大电池的质量还能使车底盘重心降低，增加机器人行走的稳定性，因而我们采用了此类型的电池。

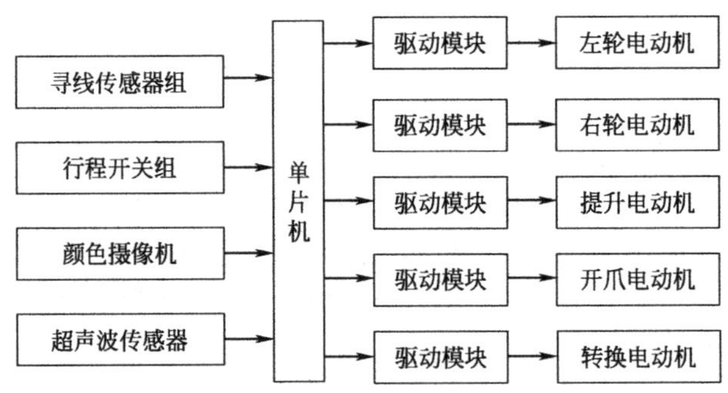

图3-6 搬运机器人电控设计框图

电控系统的控制核心，我们采用的是BS40型单片机。该单片机为40引脚，采用PBASIC语言编程，该语言与BASIC相近，因而，编程方便、可读性好。另外该芯片还具有程序自动下载功能，可直接将PC机上编制的程序直接下载到单片机自带的存储器中，无须使用仿真器，因而便于调试。

(2) 行走驱动轮电动机的驱动

本机器人两主轮驱动电动机分别采用德国MAXON直流电动机，功率为70W，

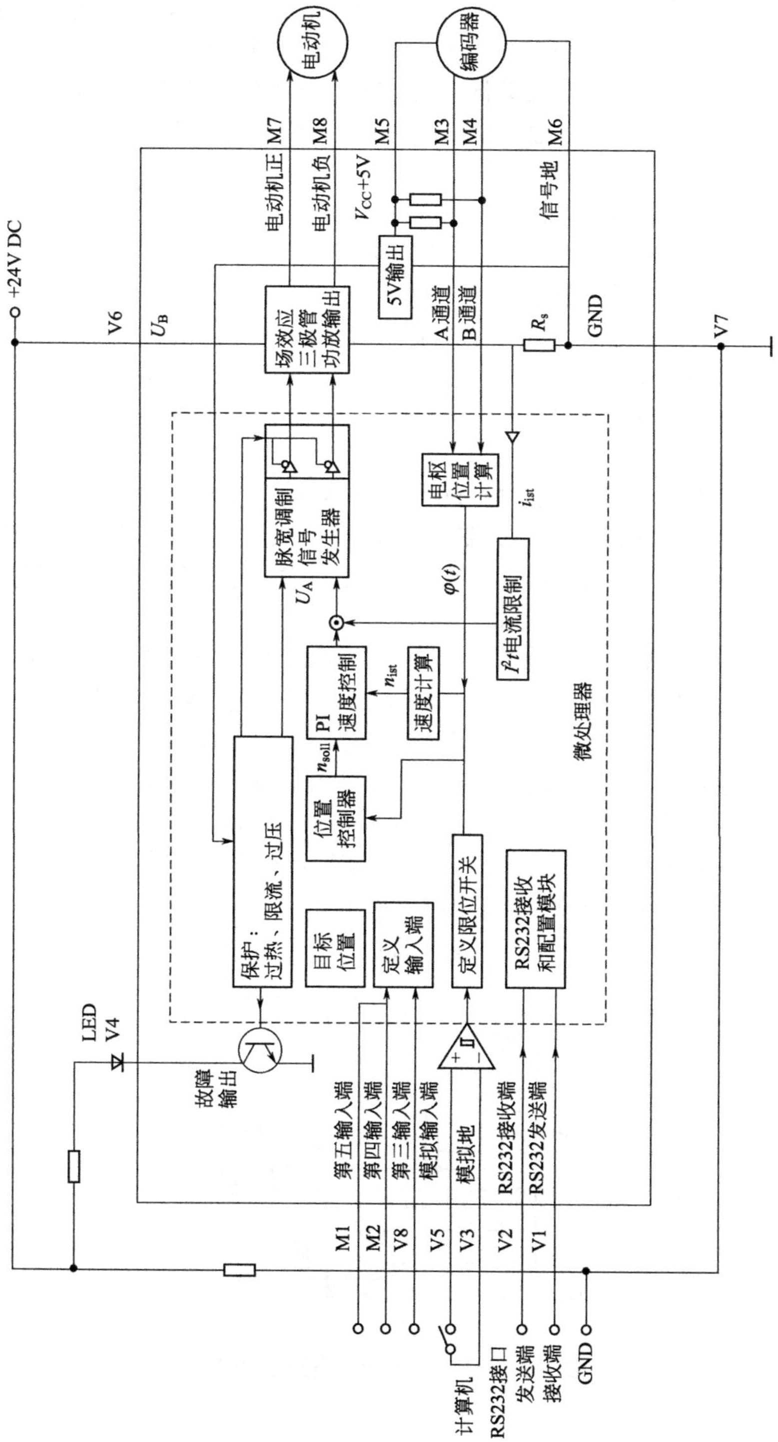

图 3-7　MCBL3006/S 型驱动器原理图

驱动器采用瑞士 FAULHABER 生产的 MCBL3006/S 型驱动器，其内部原理如图 3-7 所示。该驱动器基于高速 DSP 开发，可用于电动机的速度控制和位置控制。其速控同步性极高，且扭矩波动低，PI 控制器能确保电动机实际速度值与预定值高度一致。电动机调速一般采用四种模式：①模拟信号调节速度；②PWM 方式；③步进模式；④指令模式。即通过单片机串行口输出采用 ASCII 码形式的指令码，给驱动器串口，以控制电动机的运行。本书采用的就是这种方式。在该模式下，电动机速度由 232 串口给定的目标值来确定。

(3) 车载减速电动机的驱动

本系统车载减速电动机主要有四台：一台用于提升机械手；两台电动机分别用于两个机械手的开爪与关爪；另一台电动机则用于主从机械手的转换。

四台直流减速电动机都可用同一种驱动电路驱动。实验时，我们尝试了两种驱动方式，现在总结如下：

① 采用 LMD18200 驱动，LMD18200 作为专用小型电动机驱动芯片，使用方便、可靠，工作电流可达 3A，驱动车载机构电动机本无问题，但目前国内市场，该芯片大多为美国公司仿冒产品，质量不可靠，经常发生烧片子现象，因而我们在实际制作中，没有采用这种方式。

② 采用 L298 驱动，L298 驱动模块也具有 LMD18200 的特点。它为双 H 桥高电压大电流功率集成电路，可以用来驱动两台直流电动机或步进电动机等感性负载。但其每一路输出可以正常提供的连续电流仅为 2A，考虑到电动机工作时，可能发生的堵转和烧毁芯片现象（比如机器人在拔对方模块时，对方压住模块，以保护模块不被拔出的情况），因而在实际系统设计时，我们将每个 L298 芯片的两路输出并联输出，得到连续 4A 电流的输出，从而提高了驱动器的驱动能力和可靠性。其驱动电路的连接图如图 3-8 所示。

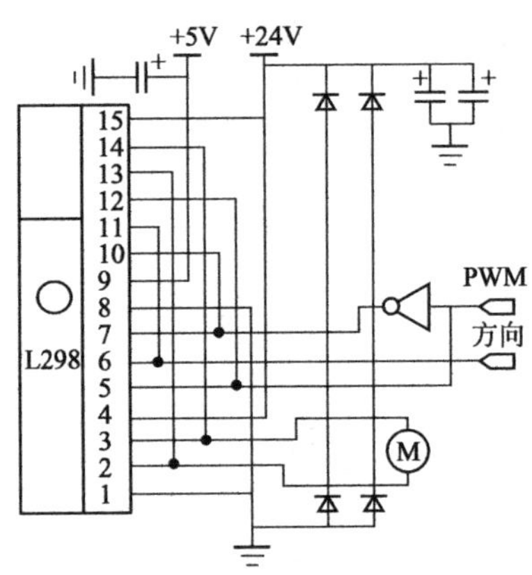

图 3-8　减速电动机驱动电路原理图

第4章 工业机器人控制系统设计

4.1 机器人控制系统的体系结构、功能、组成和分类

4.1.1 机器人控制系统的一般要求与体系结构

(1) 工业机器人控制系统应具有的特点

工业机器人控制系统的主要任务是控制工业机器人在工作空间中的运动位置、姿态和轨迹、操作顺序及动作的时间等项。其中有些项目的控制是非常复杂的，这就决定了工业机器人的控制系统应具有以下特点：

① 工业机器人的控制与其机构运动学和动力学有着密不可分的关系，因而要使工业机器人的臂、腕及末端执行器等部位在空间具有准确无误的位姿，就必须在不同的坐标系中描述它们，并且随着基准坐标系的不同而要做适当的坐标变换，同时要经常求解运动学和动力学问题。

② 描述工业机器人状态和运动的数学模型是一个非线性模型，随着工业机器人的运动及环境而改变。又因为工业机器人往往具有多个自由度，所以引起其运动变化的变量不止一个，而且各个变量之间都存在耦合问题。这就使得工业机器人的控制系统不仅是一个非线性系统，而且是一个多变量系统。

③ 对工业机器人的任一位姿都可以通过不同的方式和路径达到，因而工业机器人的控制系统还必须解决优化的问题。

(2) 对机器人控制系统的一般要求

机器人控制系统是机器人的重要组成部分，用于对操作机进行控制，以完成特定的工作任务，其基本功能如下：

① 记忆功能　存储作业顺序、运动路径、运动方式、运动速度和与生产工艺有关的信息。

② 示教功能　离线编程、在线示教、间接示教。在线示教包括示教盒和导引示教两种。

③ 与外围设备联系功能　输入和输出接口、通信接口、网络接口、同步接口。

④ 坐标设置功能　有关节、绝对、工具、用户自定义四种坐标系。

⑤ 人机接口　示教盒、操作面板、显示屏。

⑥ 传感器接口　位置检测、视觉、触觉、力觉等。

⑦ 位置伺服功能　机器人多轴联动、运动控制、速度和加速度控制、动态补偿等。

⑧ 故障诊断安全保护功能　运行时系统状态监视、故障状态下的安全保护和故障自诊断。

4.1.2 机器人控制系统的组成

(1) 控制计算机

控制系统的调度指挥机构。一般为微型机、微处理器，微处理器有 32 位、64 位等，如奔腾系列 CPU 以及其他类型 CPU。

(2) 示教盒

用于示教机器人的工作轨迹和参数设定，以及所有人机交互操作，拥有自己独立的 CPU 以及存储单元，与主计算机之间以串行通信方式实现信息交互。

(3) 操作面板

由各种操作按键、状态指示灯构成，只完成基本功能操作。

(4) 硬盘和软盘存储器

它是存储机器人工作程序的外围存储器。

(5) 数字和模拟量输入输出

各种状态和控制命令的输入或输出。

(6) 打印机接口

记录需要输出的各种信息。

(7) 传感器接口

用于信息的自动检测，实现机器人柔顺控制，一般为力觉、触觉和视觉传感器。

(8) 轴控制器

完成机器人各关节位置、速度和加速度控制。

(9) 辅助设备控制

用于和机器人配合的辅助设备控制，如手爪变位器等。

(10) 通信接口

实现机器人和其他设备的信息交换，一般有串行接口、并行接口等。

(11) 网络接口

① Ethernet 接口　可通过以太网实现数台或单台机器人的直接 PC 通信，数据传输速率高达 10Mbit/s，可直接在 PC 上用 Windows 库函数进行应用程序编

程之后，支持 TCP/IP 通信协议，通过 Ethernet 接口将数据及程序装入各个机器人控制器中。

② Fieldbus 接口　支持多种流行的现场总线规格，如 Device net、AB Remote I/O、Interbus-s、profibus-DP、M-NET 等。

机器人控制系统组成框图如图 4-1 所示。

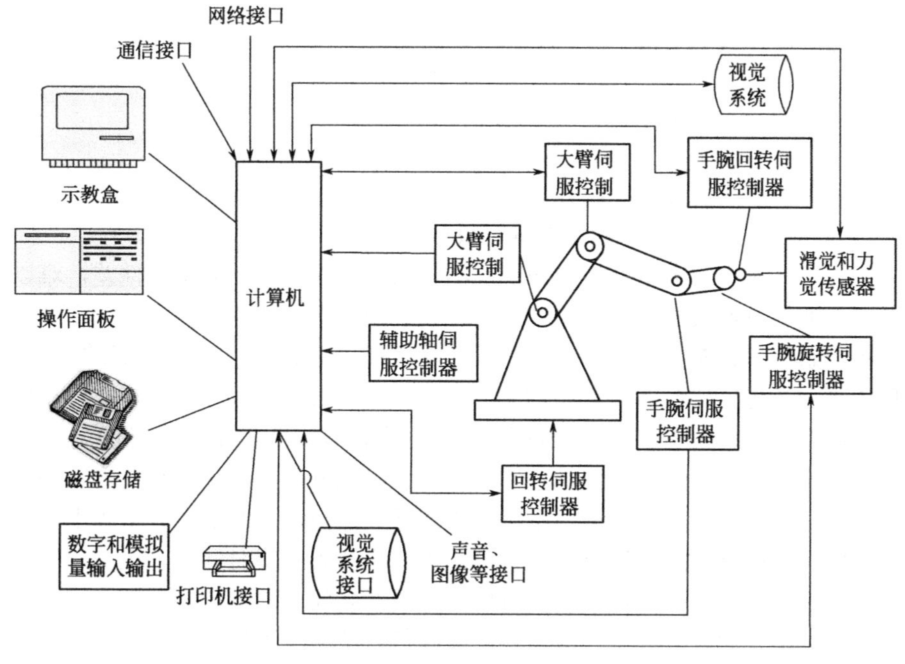

图 4-1　机器人控制系统组成框图

4.1.3　机器人控制系统分类

(1) 程序控制系统

给每一个自由度施加一定规律的控制作用，机器人就可实现要求的空间轨迹。

(2) 自适应控制系统

当外界条件变化时，为保证所要求的品质或为了随着经验的积累而自行改善控制品质的系统。其过程是基于操作机的状态和伺服误差的观察，再调整非线性模型的参数，一直到误差消失为止。这种系统的结构和参数能随时间和条件自动改变。

(3) 人工智能系统

事先无法编制运动程序，而是要求在运动过程中根据所获得的周围状态信息，实时确定控制作用。

根据控制总线进行分类：

① 国际标准总线控制系统。采用国际标准总线作为控制系统的控制总线，如 VME、MULTI-bus、STD-bus、PC-bus。

② 自定义总线控制系统。由生产厂家自行定义使用的总线作为控制系统总线。

4.2 机器人整体控制系统设计方法

4.2.1 控制系统结构

机器人控制系统按其控制方式可分为三类。

(1) 集中控制系统（centralized control system）

用一台计算机实现全部控制功能，结构简单，成本低，但实时性差，难以扩展，在早期的机器人中常采用这种结构，其构成框图如图 4-2 所示。基于 PC 的集中控制系统里，充分利用了 PC 资源开放性的特点，可以实现很好的开放性：多种控制卡、传感器设备等都可以通过标准 PCI 插槽或通过标准串口、并口集成到控制系统中。集中控制系统的优点是硬件成本较低，便于信息的采集和分析，易于实现系统的最优控制，整体性与协调性较好，基于 PC 的系统硬件扩展较为方便。其缺点也显而易见：系统控制缺乏灵活性，控制危险容易集中，一旦出现故障，其影响面广，后果严重；由于工业机器人的实时性要求很高，当系统进行大量数据计算，会降低系统实时性，系统对多任务的响应能力也会与系统的实时性相冲突；此外，系统连线复杂，会降低系统的可靠性。

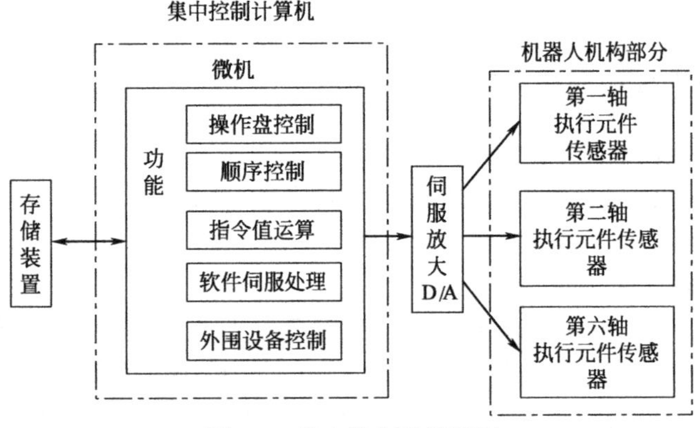

图 4-2 集中控制系统框图

(2) 主从控制系统

采用主、从两级处理器实现系统的全部控制功能。主 CPU 实现管理、坐标变换、轨迹生成和系统自诊断等；从 CPU 实现所有关节的动作控制。其构成框图如图 4-3 所示。主从控制系统实时性较好，适于高精度、高速度控制，但其系统扩展性较差，维修困难。

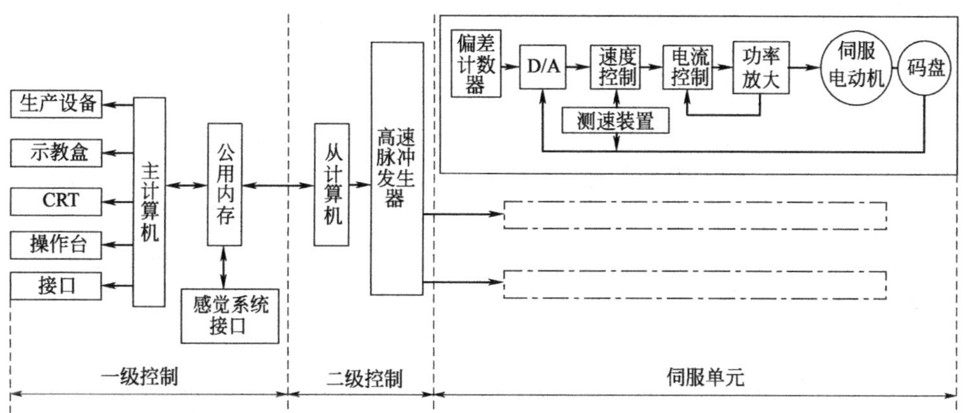

图 4-3　主从控制系统框图

（3）分布式控制系统（distribute control system）

按系统的性质和方式将系统控制分成几个模块，每一个模块各有不同的控制任务和控制策略，各模式之间可以是主从关系，也可以是平等关系。这种方式实时性好，易于实现高速、高精度控制，易于扩展，可实现智能控制，是目前流行的方式，其控制框图如图 4-4 所示。其主要思想是“分散控制，集中管理”，即系统对其总体目标和任务可以进行综合协调和分配，并通过子系统的协调工作来完成控制任务，整个系统在功能、逻辑和物理等方面都是分散的，所以 DCS 系统又称为集散控制系统或分散控制系统。这种结构中，子系统是由控制器和不同被控对象或设备构成的，各个子系统之间通过网络等相互通信。分布式控制结构提供了一个开放、实时、精确的机器人控制系统。分布式控制系统中常采用两级控制方式。

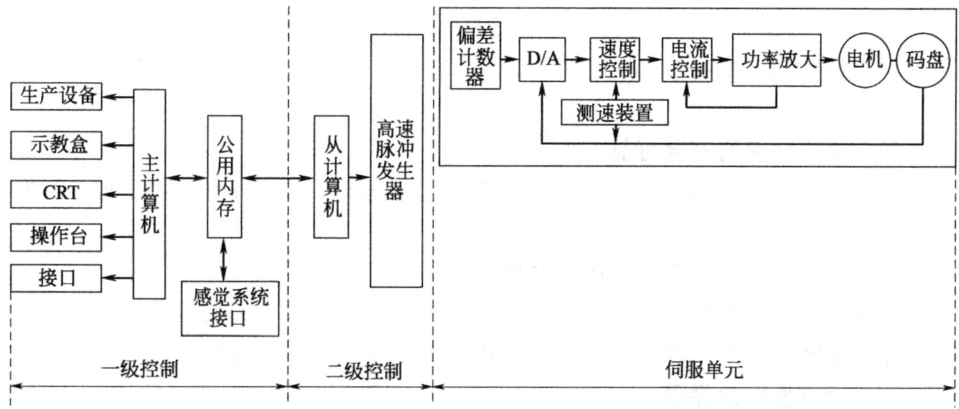

图 4-4　分布式控制系统框图

两级分布式控制系统，通常由上位机、下位机和网络组成。上位机可以进行不同的轨迹规划和控制算法，下位机进行插补细分、控制优化等的研究和实现。上位机和下位机通过通信总线相互协调工作，这里的通信总线可以是 RS-232、RS-485、EEE-488 以及 USB 总线等形式。现在，以太网和现场总线技术的发展为机器人提供了更快速、稳定、有效的通信服务。尤其是现场总线，它应用于生产现场、在微机化测量控制设备之间实现双向多结点数字通信，从而形成了新型的网络集成式全分布控制系统——现场总线控制系统（filed bus control systemm，FCS）。在工厂生产网络中，将可以通过现场总线连接的设备统称为“现场设备/仪表”。从系统论的角度来说，工业机器人作为工厂的生产设备之一，也可以归纳为现场设备。在机器人系统中引入现场总线技术后，更有利于机器人在工业生产环境中的集成。

分布式控制系统的优点在于：系统灵活性好，控制系统的危险性降低，采用多处理器的分散控制，有利于系统功能的并行执行，提高系统的处理效率，缩短响应时间。

对于具有多自由度的工业机器人而言，集中控制对各个控制轴之间的耦合关系处理得很好，可以很简单地进行补偿。但是，当轴的数量增加到使控制算法变得很复杂时，其控制性能会恶化。而且，当系统中轴的数量或控制算法变得很复杂时，可能会导致系统的重新设计。与之相比，分布式结构的每一个运动轴都由一个控制器处理，这意味着，系统有较少的轴间耦合和较高的系统重构性。

4.2.2 控制系统设计原则

(1) 最大限度地满足控制要求

充分发挥控制器功能，最大限度地满足被控对象的控制要求，是设计中最重要的一条原则。设计人员要深入现场进行调查研究，收集资料。同时要注意和现场工程管理与技术人员及操作人员紧密配合，共同解决重点问题和疑难问题。

(2) 保证系统的安全可靠

保证控制系统能够长期安全、可靠、稳定运行，是设计控制系统的重要原则。

(3) 力求简单、经济、使用与维修方便

在满足控制要求的前提下，一方面要注意不断地扩大工程的效益，另一方面也要注意不断地降低工程的成本。不宜盲目追求自动化和高指标。

(4) 适应发展的需要

适当考虑到今后控制系统发展和完善的需要。

4.3 几种典型的控制方法

4.3.1 PID 控制

当今的闭环自动控制技术都基于反馈的概念以减少不确定性。反馈理论的要素包括三个部分：测量、比较和执行。测量的关键是被控变量的实际值与期望值相比较，用这个偏差来纠正系统的响应，执行调节控制。在工程实际中，应用最为广泛的调节器控制规律为比例、积分、微分控制，简称 PID 控制，又称 PID 调节。

PID 控制器（比例-积分-微分控制器）是一个在工业控制应用中常见的反馈回路部件。PID 控制的基础是比例控制；积分控制可消除稳态误差，但可能增加超调；微分控制可加快大惯性系统响应速度以及减弱超调趋势。

这个理论和应用的关键是，做出正确的测量和比较后，如何才能更好地纠正系统。

PID［比例（proportion）、积分（integral）、导数（derivative）］控制器作为最早实用化的控制器已有近百年历史，现在仍然是应用最广泛的工业控制器。PID 控制器简单易懂，使用中不需精确的系统模型等先决条件，因而成为应用最为广泛的控制器。

(1) PID 控制含义

PID 控制器由比例单元（P）、积分单元（I）和微分单元（D）组成。其输入 $e(t)$ 与输出 $u(t)$ 的关系为：

$$u(t)=kp[e(t)+1/TI\int e(t)\mathrm{d}t+TD^{*}\mathrm{d}e(t)/\mathrm{d}t]$$

式中，积分的上下限分别是 0 和 t。

因此它的传递函数为：

$$G(s)=U(s)/E(s)=kp[1+1/(TI^{*}s)+TD^{*}s]$$

式中，kp 为比例系数；TI 为积分时间常数；TD 为微分时间常数。

(2) PID 控制用途

它由于用途广泛、使用灵活，已有系列化产品，使用中只需设定三个参数（kp、TI 和 TD）即可。在很多情况下，并不一定需要全部三个单元，可以取其中的一到两个单元，但比例控制单元是必不可少的。

首先，PID 应用范围广。虽然很多工业过程是非线性或时变的，但通过对其简化可以变成基本线性和动态特性不随时间变化的系统，这样 PID 就可控制了。

其次，PID 参数较易整定。也就是说，PID 参数 kp、TI 和 TD 可以根据过程的动态特性及时整定。如果过程的动态特性变化，例如可能由负载的变化引起系统动态特性变化，PID 参数就可以重新整定。

最后，PID 控制器在实践中也不断地得到改进。

PID在控制非线性、时变、耦合及参数和结构不确定的复杂过程时，工作得不是太好。最重要的是，如果PID控制器不能控制复杂过程，无论怎么调参数都没用。虽然有这个缺点，但简单的PID控制器有时却是最好的控制器。

(3) PID控制的意义

目前工业自动化水平已成为衡量各行各业现代化水平的一个重要标志。同时，控制理论的发展也经历了古典控制理论、现代控制理论和智能控制理论三个阶段。自动控制系统可分为开环控制系统和闭环控制系统。一个控制系统包括控制器、传感器、变送器、执行机构、输入输出接口。控制器的输出经过输出接口、执行机构，加到被控系统上；控制系统的被控量，经过传感器、变送器，通过输入接口送到控制器。不同的控制系统，其传感器、变送器、执行机构是不一样的。比如压力控制系统要采用压力传感器，电加热控制系统的传感器是温度传感器。目前，PID控制及其控制器或智能PID控制器已经很多，各种各样的PID控制器产品已在工程实际中得到了广泛的应用。各大公司均开发了具有PID参数自整定功能的智能调节器（intelligent regulator)，其中PID控制器参数的自动调整是通过智能化调整或自校正、自适应算法来实现的。这些产品有利用PID控制实现的压力、温度、流量、液位控制器，能实现PID控制功能的可编程控制器（PLC)，还有可实现PID控制的PC系统等。可编程控制器（PLC）是利用其闭环控制模块来实现PID控制的，而可编程控制器（PLC）可以直接与ControlNet相连，还有可以实现PID控制功能的控制器，它可以直接与ControlNet相连，利用网络来实现其远程控制功能。

(4) PID调节方法

PID是工业生产中最常用的一种控制方式，PID调节仪表也是工业控制中最常用的仪表之一，PID适用于需要进行高精度测量控制的系统，可根据被控对象自动演算出最佳PID控制参数。

PID参数自整定控制仪可选择外给定（或阀位）控制功能，可取代伺服放大器直接驱动执行机构（如阀门等)。PID外给定（或阀位）控制仪可自动跟随外部给定值（或阀位反馈值）进行控制输出（模拟量控制输出或继电器正转、反转控制输出)。可实现自动/手动无扰动切换。手动切换至自动时，采用逼近法计算，以实现手动/自动的平稳切换。PID外给定（或阀位）控制仪可同时显示测量信号及阀位反馈信号。

PID光柱显示控制仪集数字仪表与模拟仪表于一体，可对测量值及控制目标值进行数字量显示（双LED数码显示)，并同时对测量值及控制目标值进行相对模拟量显示（双光柱显示)，显示方式为双LED数码显示＋双光柱模拟量显示，使测量值的显示更为清晰直观。

PID参数自整定控制仪可随意改变仪表的输入信号类型。采用最新无跳线技术，只需设定仪表内部参数，即可将仪表从一种输入信号改为另一种输入信号。

PID 参数自整定控制仪可选择带有一路模拟量控制输出（或开关量控制输出，继电器和可控硅正转、反转控制）及一路模拟量变送输出，可适用于各种测量控制场合。

PID 参数自整定控制仪支持多机通信，具有多种标准串行双向通信功能，可选择多种通信方式，如 RS-232、RS-485、RS-422 等，通信波特率 300～9600bit/s，仪表内部参数自由设定。可与各种带串行输入输出的设备（如电脑、可编程控制器等）进行通信，构成管理系统。

(5) PID 控制原理

PID 控制器就是根据系统的误差，利用比例、积分、微分计算出控制量进行控制的。

① 比例（P）控制　比例控制是一种最简单的控制方式。其控制器的输出与输入误差信号成比例关系。当仅有比例控制时系统输出存在稳态误差。

② 积分（I）控制　在积分控制中，控制器的输出与输入误差信号的积分成正比关系。对一个自动控制系统，如果在进入稳态后存在稳态误差，则称这个控制系统是有稳态误差的系统或简称有差系统。为了消除稳态误差，在控制器中必须引入“积分项”。积分项的误差取决于时间的积分，随着时间的增加，积分项会增大。这样，即便误差很小，积分项也会随着时间的增加而加大，它推动控制器的输出增大使稳态误差进一步减小，直到等于零。因此，比例积分（PI）控制器，可以使系统在进入稳态后无稳态误差。

③ 微分（D）控制　在微分控制中，控制器的输出与输入误差信号的微分（即误差的变化率）成正比关系。自动控制系统在克服误差的调节过程中可能会出现振荡甚至失稳。其原因是存在较大惯性组件（环节）或滞后（delay）组件，具有抑制误差的作用，其变化总是落后于误差的变化。解决的办法是使抑制误差的作用的变化“超前”，即在误差接近零时，抑制误差的作用就应该是零。这就是说，在控制器中仅引入“比例”项往往是不够的，比例项的作用仅是放大误差的幅值，而目前需要增加的是“微分项”，它能预测误差变化的趋势，这样，具有比例＋微分的控制器，就能够提前使抑制误差的控制作用等于零，甚至为负值，从而避免了被控量的严重超调。所以对有较大惯性或滞后的被控对象，比例微分（PD）控制器能改善系统在调节过程中的动态特性。

④ PID 控制参数调整　PID 控制器的参数整定是控制系统设计的核心内容。它根据被控过程的特性确定 PID 控制器的比例系数、积分时间和微分时间的大小。

PID 控制器参数整定的方法很多，概括起来有两大类：一是理论计算整定法。它主要依据系统的数学模型，经过理论计算确定控制器参数。这种方法所得到的计算数据未必可以直接用，还必须通过工程实际进行调整和修改。二是工程整定方法，它主要依赖工程经验，直接在控制系统的试验中进行，且方法简单、易于掌握，在工程实际中被广泛采用。

PID 控制器参数的工程整定方法主要有临界比例法、反应曲线法和衰减法。三种方法各有其特点，其共同点是都通过试验，然后按照工程经验公式对控制器参数进行整定。但无论采用哪一种方法所得到的控制器参数，都需要在实际运行中进行最后调整与完善。现在一般采用的是临界比例法。

利用该方法进行 PID 控制器参数的整定步骤如下：

a. 首先预选择一个足够短的采样周期让系统工作；

b. 仅加入比例控制环节，直到系统对输入的阶跃响应出现临界振荡，记下这时的比例放大系数和临界振荡周期；

c. 在一定的控制度下通过公式计算得到 PID 控制器的参数。

4.3.2 滑模控制

20 世纪 50 年代苏联学者提出变结构控制，变结构控制起源于继电器控制和 Bang-Bang 控制，它与常规控制的区别在于控制的不连续性。滑模控制是变结构控制的一个分支。它是一种非线性控制，通过切换函数来实现，根据系统状态偏离滑模的程度来切换控制器的结构（控制律或控制器参数），从而使系统按照滑模规定的规律运行。滑模控制现在已形成一套比较完整的理论体系，并已广泛应用到各种工业控制对象之中。滑模控制得到广泛应用的主要原因是，对非线性系统的良好控制性能，对多输入多输出系统的可应用性，对离散时间系统建立的良好的设计标准。滑模控制的重要的优点是鲁棒性，当系统处于滑动模型，对被控对象的模型误差、对象参数的变化以及外部干扰有极佳的不敏感性。

滑模控制（sliding mode control，SMC）策略与其他控制的不同之处在于系统的“结构”并不固定，而是可以在动态过程中，根据系统当前的状态（如偏差及其各阶导数等）有目的地不断变化，迫使系统按照预定“滑动模态”的状态轨迹运动。由于滑动模态可以进行设计且与对象参数及扰动无关，这就使得滑模控制具有快速响应、对应参数变化及扰动不灵敏、无须系统在线辨识、物理实现简单等优点。

(1) 滑模控制优点

滑模控制的优点是能够克服系统的不确定性，对干扰和未建模动态具有很强的鲁棒性，尤其是对非线性系统的控制具有良好的效果。由于变结构控制系统算法简单，响应速度快，对外界噪声干扰和参数摄动具有鲁棒性，在机器人控制领域得到了广泛的应用，也有学者将滑模变结构方法应用于空间机器人控制。变结构控制作为非线性控制的重要方法近年来得到了广泛深入的研究，其中一个重要的研究分支是抑制切换振颤，这方面已取得了不小的进展，提出了等效控制、切换控制与模糊控制的组合模糊调整控制方法，其中等效控制用来配置极点，切换控制用来保证不确定外扰存在下的到达过程，模糊调整控制则用来提高控制性能并减少振颤。研究了一类非线性系统的模糊滑模变结构控制方法，设计了滑模控制器和 PI 控制器的组合模糊逻辑控制器，充分发挥了各控制器的优点。提出了基于有限时间机理的快速 Terminal 滑模控制方法并给出了与普通 Terminal 滑模控制性能的比较。设计了针对参数不确定与外干扰的非奇异 Terminal 滑模控制方法，并提出了分等级控制结构以简化控制器设计。上述这些方法在实际系统中虽然得到了有效应用，但无论是自适应滑模控制还是模糊神经网络控制，均增加了系统复杂性与物理实现难度。显然，寻找具有良好效能并易于实现的控制是未来研究的方向。

(2) 滑模控制的意义

近年来，滑模变结构方法因其所具有的优良特性而受到越来越多的重视。该方法通过自行设计所需的滑模面和等效控制律，能快速响应输入的变换，而对参数变换和扰动不敏感，具有很好的鲁棒性，且物理制作简单。但大多数采用滑模变结构方法的控制系统没采用联合滑模观测和滑模控制的思想进行鲁棒方案的设计。滑模变结构控制逐渐引起了学者们的重视，其最大优点是滑动模态对加在系统上的干扰和系统的摄动具有完全的自适应性，而且系统状态一旦进入滑模运动，便快速地收敛到控制目标，为时滞系统、不确定性系统的鲁棒性设计提供了一种有效途径，但其最大的问题是系统控制器的输出具有抖动。

(3) 滑模控制设计步骤

在系统控制过程中，控制器根据系统当时状态，以跃变方式有目的地不断变换，迫使系统按预定的“滑动模态”的状态轨迹运动。变结构是通过切换函数实现的，特别要指出的是，通常要求切换面上存在滑动模态区，故变结构控制又常被称为滑动模态控制。设计变结构控制系统基本可分为两步：

① 确定切换函数 $S(x)$　即开关面，使它所确定的滑动模态渐近稳定且有良好的品质，开关面代表了系统的理想动态特性。

② 设计滑模控制器　设计滑模控制器，使到达条件得到满足，从而使非滑动模态的趋近运动在有限时间内到达开关面，并且在趋近的过程中快速、抖振小。

(4) 滑模控制特点

在普通的滑模控制中，通常选择一个线性的滑动超平面，使系统到达滑动模态后，跟踪误差渐进地收敛为零，并且收敛的速度可以通过选择滑模面参数矩阵来调节。但理论上讲，无论如何状态跟踪误差都不会在有限的时间内收敛为零。Terminal 滑模控制是通过设计一种动态非线性滑模面方程实现的，即在保证滑模控制稳定性的基础上，使系统状态在指定的有限时间内达到对期望状态的完全跟踪。将动态非线性滑模面方程设计为 $S=X^2+\beta Xq/P_1$。但该控制方法由于非线性函数的引入使得控制器在实际工程中实现困难，而且如果参数选取不当，还会出现奇异问题。对一个二阶系统给出了相应的 Terminal 滑面，滑模面的导数是不连续的，不适用于高阶系统。庄开宇等设计了一种用于高阶非线性系统的Terminal滑面，克服了滑模面中导数不连续的缺点，并消除了滑模控制的到达阶段，确保了系统的全局鲁棒性和稳定性。

4.3.3 自适应控制

自适应控制的研究对象是具有一定程度不确定性的系统，这里所谓的“不确定性”是指描述被控对象及其环境的数学模型不是完全确定的，其中包含一些未知因素和随机因素。

任何一个实际系统都具有不同程度的不确定性，这些不确定性有时表现在系统内部，有时表现在系统的外部。从系统内部来讲，描述被控对象的数学模型的结构和参数，设计者事先并不一定能准确知道。作为外部环境对系统的影响，可以等效地用许多扰动来表示。这些扰动通常是不可预测的。此外，还有一些测量时产生的不确定因素进入系统。面对这些客观存在的各式各样的不确定性，如何设计适当的控制作用，使得某一指定的性能指标达到并保持最优或者近似最优，这就是自适应控制所要研究解决的问题。

自适应控制和常规的反馈控制与最优控制一样，也是一种基于数学模型的控制方法，所不同的只是自适应控制所依据的关于模型和扰动的先验知识比较少，需要在系统的运行过程中去不断提取有关模型的信息，使模型逐步完善。具体地说，可以依据对象的输入输出数据，不断地辨识模型参数，这个过程称为系统的在线辨识。随着生产过程的不断进行，通过在线辨识，模型会变得越来越准确，越来越接近于实际。既然模型在不断地改进，显然，基于这种模型综合出来的控制作用也将随之不断地改进。在这个意义下，控制系统具有一定的适应能力。比如说，当系统在设计阶段，由于对象特性的初始信息比较缺乏，系统在刚开始投入运行时可能性能不理想，但是只要经过一段时间的运行，通过在线辨识和控制以后，控制系统逐渐适应，最终将自身调整到一个满意的工作状态。再比如某些控制对象，其特性可能在运行过程中要发生较大的变化，但通过在线辨识和改变控制器参数，系统也能逐渐适应。

常规的反馈控制系统对于系统内部特性的变化和外部扰动的影响都具有一定的抑制能力，但是由于控制器参数是固定的，所以当系统内部特性变化或者外部扰动的变化幅度很大时，系统的性能常常会大幅度下降，甚至不稳定。所以对那些对象特性或扰动特性变化范围很大，同时又要求经常保持高性能指标的一类系统，采取自适应控制是合适的。但是同时也应当指出，自适应控制比常规反馈控制要复杂得多，成本也高得多，因此只是在用常规反馈达不到所期望的性能时，才会考虑采用。

在日常生活中，所谓自适应是指生物能改变自己的习性以适应新的环境的一种特征。因此，直观地说，自适应控制器应当是这样一种控制器，它能修正自己的特性以适应对象和扰动的动态特性的变化。

4.3.4　模糊控制

Zadeh 创立的模糊数学，对不明确系统的控制有极大的贡献，自 20 世纪 70 年代以后，一些实用的模糊控制器的相继出现，使得我们在控制领域中又向前迈进了一大步。

模糊逻辑控制（fuzzy logic control）简称模糊控制（fuzzy control），是以模糊集合论、模糊语言变量和模糊逻辑推理为基础的一种计算机数字控制技术。1965 年，美国的 L. A. Zadeh 创立了模糊集合论；1973 年他给出了模糊逻辑控制的定义和相关的定理。1974 年，英国的 E. H. Mamdani 首次根据模糊控制语句组成模糊控制器，并将它应用于锅炉和蒸汽机的控制，获得了实验性的成功。这一开拓性的工作标志着模糊控制论的诞生。

模糊控制实质上是一种非线性控制，从属于智能控制的范畴。模糊控制的一大特点是既有系统化的理论，又有大量的实际应用背景。模糊控制的发展最初在西方遇到了较大的阻力；然而在东方尤其是日本，得到了迅速而广泛的推广应用。近 20 多年来，模糊控制不论在理论上还是技术上都有了长足的进步，成为自动控制领域一个非常活跃而又硕果累累的分支。其典型应用涉及生产和生活的许多方面，例如在家用电器设备中有模糊洗衣机、空调、微波炉、吸尘器、照相机和摄录机等；在工业控制领域中有水净化处理、发酵过程、化学反应釜、水泥窑炉等；在专用系统和其他方面有地铁靠站停车、汽车驾驶、电梯、自动扶梯、蒸汽引擎以及机器人的模糊控制。

(1) 利用模糊数学的基本思想和理论的控制方法

在传统的控制领域里，控制系统动态模式的精确与否是影响控制优劣的关键，系统动态的信息越详细，则越能达到精确控制的目的。然而，对于复杂的系统，由于变量太多，往往难以正确地描述系统的动态，于是工程师便利用各种方法来简化系统动态，以达成控制的目的，但不尽理想。换言之，传统的控制理论对于明确系统有强而有力的控制能力，但对于过于复杂或难以精确描述的系统，则显得无能为力了。因此便尝试着以模糊数学来处理这些控制问题。

“模糊”是人类感知万物、获取知识、思维推理、决策实施的重要特征。“模糊”比“清晰”所拥有的信息容量更大，内涵更丰富，更符合客观世界。

(2) 模糊控制的基本原理

为了实现对直线电机运动的高精度控制，系统采用全闭环的控制策略，但在系统的速度环控制中，因为负载直接作用在电机而产生的扰动，如果仅采用 PID 控制，则很难满足系统的快速响应需求。由于模糊控制技术具有适用范围广、对时变负载具有一定的鲁棒性的特点，而直线电机伺服控制系统又是一种要求具有快速响应性并能够在极短时间内实现动态调节的系统，所以本书考虑在速度环设计了 PID 模糊控制器，利用模糊控制器对电机的速度进行控制，并同电流环和位置环的经典控制策略一起来实现对直线电机的精确控制。

模糊控制器包括四部分：

① 模糊化。主要作用是选定模糊控制器的输入量，并将其转换为系统可识别的模糊量，具体包含以下三步：第一，对输入量进行满足模糊控制需求的处理；第二，对输入量进行尺度变换；第三，确定各输入量的模糊语言取值和相应的隶属度函数。

② 规则库。根据人类专家的经验建立模糊规则库。模糊规则库包含众多控制规则，是从实际控制经验过渡到模糊控制器的关键步骤。

③ 模糊推理。主要实现基于知识的推理决策。

④ 解模糊。主要作用是将推理得到的控制量转化为控制输出。

4.3.5 机器人的顺应控制

智能机器在特定接触环境操作时对可以产生任意作用力的柔性的高要求和智能机器在自由空间操作时对位置伺服刚度及机械结构刚度的高要求之间存在矛盾，智能机器能够对接触环境顺从的这种能力被称为柔顺性（compliance）。

柔顺性被分为主动柔顺性和被动柔顺性两类。智能机器凭借一些辅助的柔顺机构，使其在与环境接触时能够对外部作用力产生自然顺从，被称为被动柔顺性；智能机器利用力的反馈信息采用一定的控制策略去主动控制作用力，被称为主动柔顺性。被动柔顺机构，即是由一些可以使智能机器在与环境作用时能够吸收或储存能量的机械器件如弹簧、阻尼器等构成的机构。

一种典型的最早的被动柔顺装置 RCC（remote compliance center）是由 MITDraper 实验室设计的，它用于机器人装配作业时，能对任意柔顺中心进行顺从运动。RCC 实为 1 个由 6 只弹簧构成的能顺从空间 6 个自由度的柔顺手腕，轻便灵巧。用 RCC 进行机器人装配的实验结果为：将直径 40mm 的圆柱销在倒角范围内且初时错位 2mm 的情况下，于 0.125s 内插入配合间隙为 0.101mm 的孔中。主动柔顺控制也就是力控制，随着智能机器在各个领域应用的日益广泛，许多场合要求智能机器具有接触力的感知和控制能力。例如在智能机器的精密装配、修刮或磨削工件表面、抛光和擦洗等操作过程中，要求保持其端部执行器与环境接触，必须具备这种基于力反馈的柔顺控制能力。

4.3.6 位置和力控制系统结构

机器人擦玻璃或擦飞机，以及转动曲柄、拧螺钉等都属于机器人手端与环境接触而产生的同时具有位置控制和力控制的问题。这类位置控制和力控制融合在一起的控制问题就是位置和力混合控制问题。

力/位混合控制将任务空间划分成了两个正交互补的子空间——力控制子空间和位置控制子空间，在力控制子空间中用力控制策略进行力控制，在位置控制子空间利用位置控制策略进行位置控制。

力/位混合控制策略与阻抗控制策略是不同的，阻抗控制是一种间接控制力的方法，其核心思想是把力误差信号变为位置环的位置调节量，即力控制器的输入信号加到位置控制的输入端，通过位置的调整来实现力的控制。力/位混合控制方法的核心思想是分别用不同的控制策略对位置和力直接进行控制，即首先通过选择矩阵确定当前接触点的位控和力控方向，然后应用力反馈信息和位置反馈信息分别在位置环和力环中进行闭环控制，最终在受限运动中实现力和位置的同时控制。力/位混合控制器原理如图 4-5 所示。

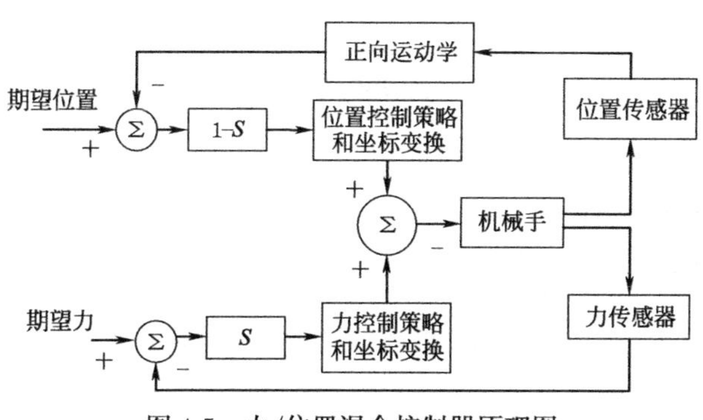

图 4-5　力/位置混合控制器原理图

4.4　控制系统硬件构成

机器人控制系统的控制器多采用工业控制计算机、PLC、单片机或单板机等。近年来，正逐渐向开放数控系统发展。图 4-6 给出通用功能的接口方式。它的优点是可以灵活地应对不同数量的传感器，实现各种电路板卡的通用化。

接口串行化能简化设备之间的连接，将接口的物理条件或协议标准化，那么接口的利用价值就会大幅度提高。目前，基本上仅采用局域网方式，借助于存储器进行局域网之间的信息交换，能方便地实现不同方式的局域网之间的连接（所谓的智能连接器），如图 4-7 所示。

设计 PC 控制器接口要特别注意通信速度的问题，应该在各个 PC 机所能确保的控制周期内大幅度缩短通信时间。当前，PC 控制器设计时应该注意以下几点：

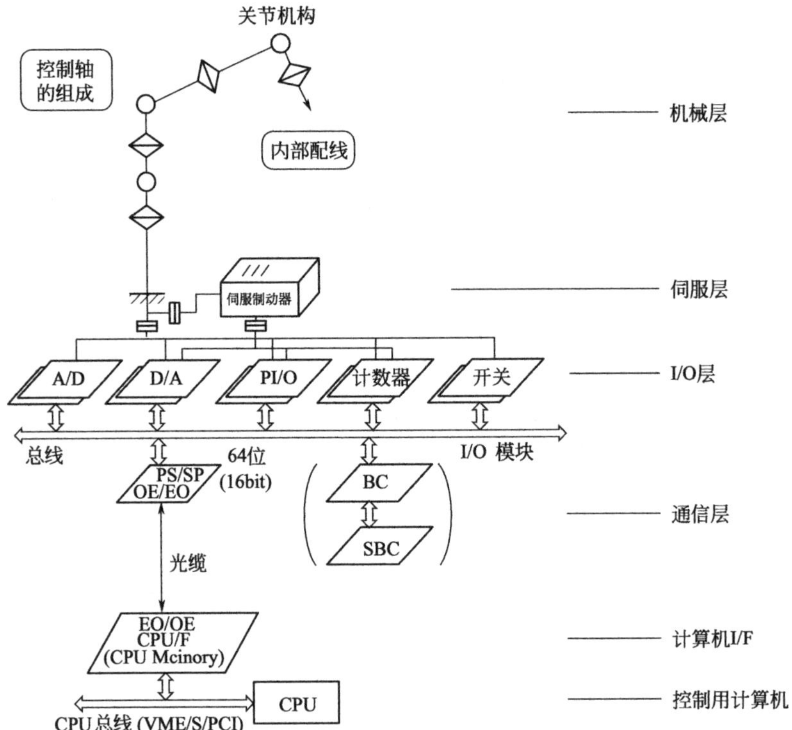

图 4-6　智能机器人系统的分层递阶结构

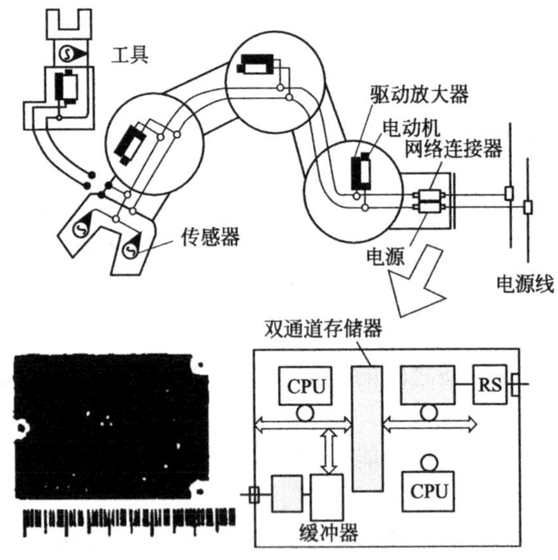

图 4-7　机械手的开放式 I/O 接口与配线

① 选择专用伺服驱动器和专用接口。

② 在传感器接口（包括传感器 I/O 系统、专用接口驱动器）方面，一般优先考虑通信速度较快的并行连接。

③ 在实时性较差的上位控制系统 PC 机中，使用通用 PC 网络可以减少软件开发人力。

④ 压缩接口用的数据。

4.5 控制系统软件构成

4.5.1 软件构成

软件系统（software systems）是指由系统软件、支撑软件和应用软件组成的计算机软件系统，它是计算机系统中由软件组成的部分。

操作系统是管理软硬件资源、控制程序执行，改善人机界面，合理组织计算机工作流程和为用户使用计算机提供良好运行环境的一种系统软件。操作系统是位于硬件层之上，所有软件层之下的一个必不可少的、最基本又是最重要的一种系统软件。它对计算机系统的全部软、硬件和数据资源进行统一控制、调度和管理。从用户的角度看，它是用户与计算机硬件系统的接口；从资源管理的角度看，它是计算机系统资源的管理者。其主要作用及目的就是提高系统资源的利用率，提供友好的用户界面，创造良好的工作环境，从而使用户能够灵活、方便地使用计算机，使整个计算机系统能高效地运行。

操作系统的任务是管理好计算机的全部软硬件资源，提高计算机的利用率；担任用户与计算机之间的接口，使用户通过操作系统提供的命令或菜单方便地使用计算机。

操作系统用于管理计算机的资源和控制程序的运行。语言处理系统是用于处理软件语言等的软件，如编译程序等。数据库系统是用于支持数据管理和存取的软件，它包括数据库、数据库管理系统等。数据库是常驻在计算机系统内的一组数据，它们之间的关系用数据模式来定义，并用数据定义语言来描述；数据库管理系统是使用户可以把数据作为抽象项进行存取、使用和修改的软件。分布式软件系统包括分布式操作系统、分布式程序设计系统、分布式文件系统、分布式数据库系统等。人机交互系统是提供用户与计算机系统之间按照一定的约定进行信息交互的软件系统，可为用户提供一个友善的人机界面。操作系统的功能包括处理器管理、存储管理、文件管理、设备管理和作业管理，其主要研究内容包括操作系统的结构、进程（任务）调度、同步机制、死锁防止、内存分配、设备分配、并行机制、容错和恢复机制等。

4.5.2 软件功能

语言处理系统的功能是利用各种软件语言的处理程序把用户用软件语言书写的各种源程序转换成为可为计算机识别和运行的目标程序，从而获得预期结果。其主要研究内容包括语言的翻译技术和翻译程序的构造方法与工具，此外，它还涉及正文编辑技术、连接编辑技术和装入技术等。

数据库系统的主要功能包括数据库的定义和操纵、共享数据的并发控制、数据安全和保密等。按数据定义模块划分，数据库系统可分为关系数据库、层次数据库和网状数据库。按控制方式划分，可分为集中式数据库系统、分布式数据库系统和并行数据库系统。数据库系统研究的主要内容包括数据库设计、数据模式、数据定义和操作语言、关系数据库理论、数据完整性和相容性、数据库恢复与容错、死锁控制和防止、数据安全性等。

分布式软件系统的功能是管理分布式计算机系统资源和控制分布式程序的运行，提供分布式程序设计语言和工具，提供分布式文件系统管理和分布式数据库管理关系等。分布式软件系统的主要研究内容包括分布式操作系统和网络操作系统、分布式程序设计、分布式文件系统和分布式数据库系统。

人机交互系统的主要功能是在人和计算机之间提供一个友善的人机接口。其主要研究内容包括人机交互原理、人机接口分析及规约、认知复杂性理论、数据输入、显示和检索接口、计算机控制接口等。

4.6 机器人控制系统设计实例

本实例介绍了混联机构的码垛机器人（图 4-8）控制系统的设计与实现方法。码垛机器人能将不同外形尺寸的包装货物整齐、自动地码（或拆）在托盘上（或生产线上等）。为充分利用托盘的面积和码堆物料的稳定性，机器人具有物料码垛顺序、排列设定器，可满足从低速到高速，从包装袋到纸箱，从码垛一种产品到码垛多种不同产品的需求，广泛应用于汽车、物流、家电、医药、食品饮料等不同领域。

码垛机械手的能力比普通机械式码垛、人力都要强。图 4-9 为码垛机器人结构简图，结构非常简单，所以故障率低，容易保养、维修，主要构成零件少，配件少，所以维护费用很低。码垛机械手设置在狭窄的空间也可有效地使用。全部控制在控制柜屏幕上操作即可，操作非常简单。通过更换机械手的抓手即可完成对不同货物的码垛及拆垛，通用性强，相对降低了客户的购买成本。

根据工作现场的实际需求，对离线码垛过程进行了研究，通过码垛关键参数

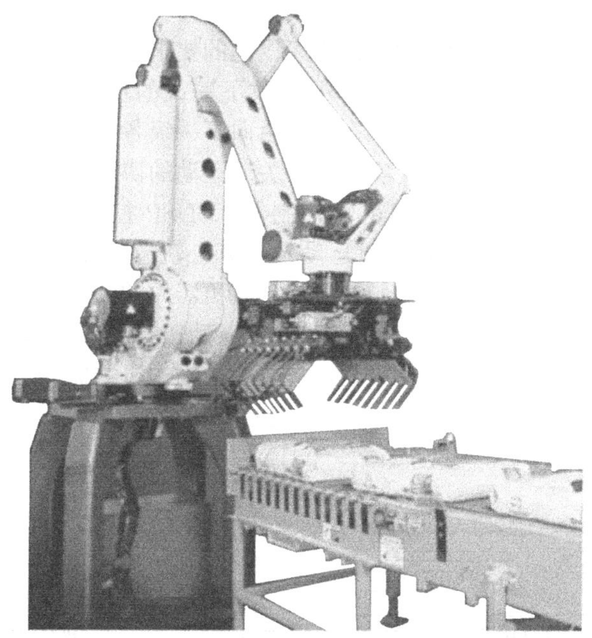

图 4-8 码垛机器人

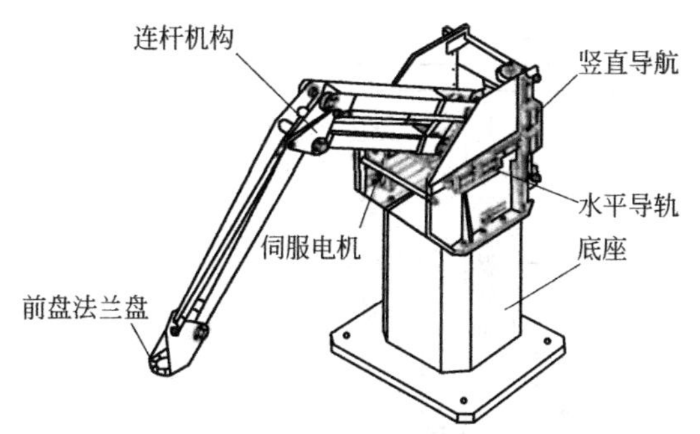

图 4-9 码垛机器人结构简图

的输入和码垛空间判断，建立离线编程的基础，给出了机器人码垛的路径规划。硬件控制系统采用工业 PC（IPC）作为主计算机，利用分布式二级控制结构实现系统的监控和作业管理，协调各关节的运动，准确地跟踪轨迹规划。软件系统运用了 PLC 来控制机械人手爪且自主开发码垛机器人控制软件，通过码垛关键参数的输入及示教盒控制方式，经实际使用结果证明了控制系统的有效性与合理性。

(1) 硬件控制系统的设计

由图 4-10 可看出系统设计采用模块化的形式，且总体结构采用了分布式控制结构，上位机采用普通工业控制计算机，主要处理系统的监控和作业管理，如示教盒控制、显示服务、坐标转换、自动加减速计算、I/O 控制、机器人语言编译等任务，根据使用者的命令和动作程序语句的要求进行轨迹规划、插补运算及坐标变换，计算出各轴电机的位置，并接收下一级的反馈信号和外传感器的信号，判断任务的执行情况和环境状态，然后向下一级各关节位置伺服系统传送一次与设定点相应的位置更新值，实现对各关节运动的协调和控制作用。下位机采用 DSP 控制器和 PLC（可编程逻辑控制器）。DSP 控制器即为所采用的 PMAC104 运动控制卡，主要执行实时运动学计算、轨迹规划、插补计算、伺服控制等，不断地读取各轴编码器的脉冲量，计算机器人的现行位置，并用软件方法与给定位置进行比较，对偏差进行 PID 调节。而 PLC 主要处理机器人周边外围设备的控制，如机器人手爪气动吸盘，周边各种输送机的监控等。

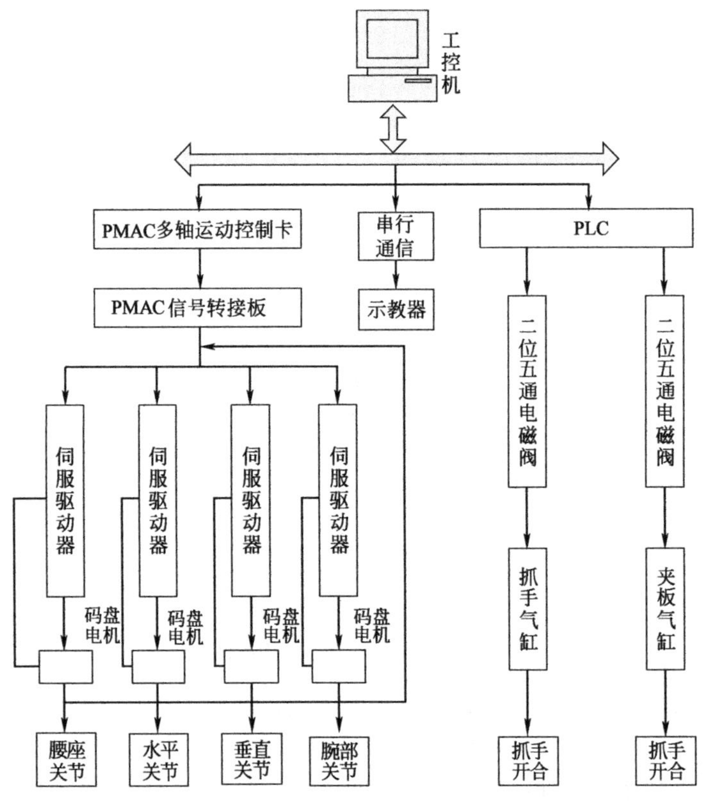

图 4-10　硬件控制系统结构

(2) 机械手爪的控制设计

机器人在现场工作时，根据不同的码垛物品，在腕部安装相对应的机械手。机械手分为袋状物机械手、箱状物机械手、吸盘机械手、桶状物机械手。箱状物机械手上抓手或夹板的开合由 PLC 控制，其主要完成以下几个动作：待机—取箱—移箱—码箱—复位。机械手爪的电气图见图 4-11。

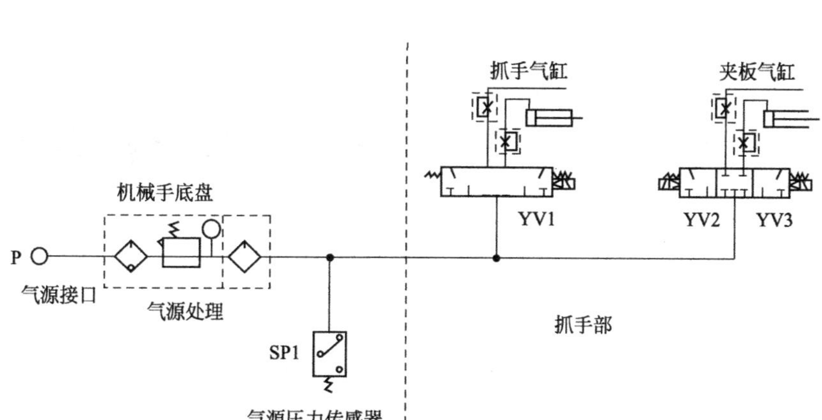

图 4-11　机械手爪电气图

(3) 软件控制系统的设计

开放式通用机器人控制系统的软件应在标准的语言环境下进行开发，做到可移植，易修改、重构及扩充，并能提供用户接口和程序接口。所以我们采用面向对象的模块化的工程设计方法，与硬件结构相对应。控制系统软件也分为上下两层（图 4-12 为软件控制系统结构），各个模块都具有自己独立的功能，相互调用关系简单。由于存在外界干扰，如果还是采用固定模式的和缺乏抗干扰能力的伺服控制系统的话，那么机器人系统就很难产生高速和高精度的动态响应。为了适应时刻变化的对象，必须使伺服系统的动作具有某种柔性，这种柔性是通过计算机程序来实现的，故称为软伺服。

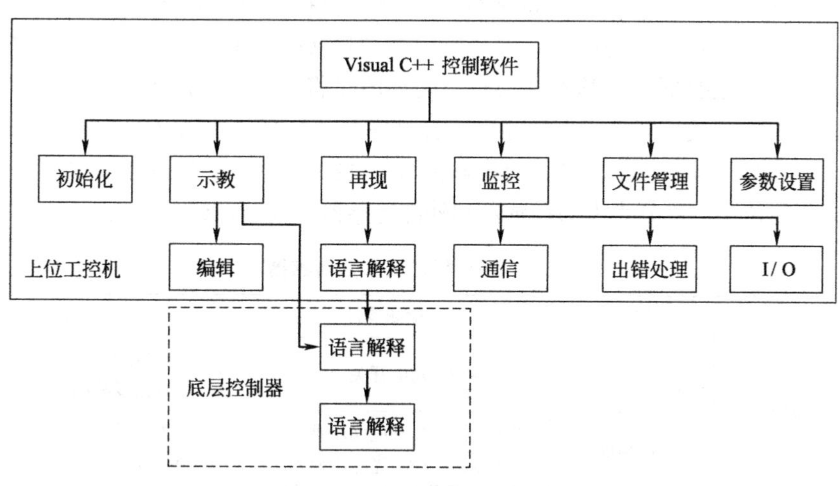

图 4-12　软件控制系统结构

第 5 章　工业机器人感觉系统设计

工业机器人工作的稳定性与可靠性，依赖于机器人对工作环境的感觉和自适应能力。因此需要高性能传感器及各传感器之间的协调工作。由于不同行业工作环境具有特殊性和不确定性，随着工业机器人应用领域的不断扩大，对机器人感觉系统的要求也不断提高，机器人感觉系统的设计由此成为机器人技术的重要发展方向。机器人感觉系统的设计是实现机器人智能化的基础，主要表现在新型传感器的应用及多传感器信息技术的融合上。本章主要对工业机器人常用传感器的工作原理、特点及其应用进行介绍。

5.1　工业机器人传感器的分类及要求

传感器是利用物体的物理、化学变化，并将这些变化变换成电信号（如电压、电流和频率等）的装置，通常由敏感元件、转换元件和基本转换电路组成。其中，敏感元件的基本功能是将某种不易测量的物理量转换为易于测量的物理量；转换元件的功能是将敏感元件输出的物理量转换为电量，它与敏感元件一起构成传感器的主要部分；基本转换电路的功能是将敏感元件产生的不易测量的小信号进行变换，使传感器的信号输出符合具体工业系统的要求（如 4～20mA 等）。机器人工作时，需要检测其自身的状态和作业对象与作业环境的状态，据此，工业机器人所用传感器可分为内部传感器和外部传感器两大类，见表 5-1。

表 5-1　工业机器人常用传感器

项目	传感器	检测内容	检测器件	应用
内部传感器	位置	规定位置、规定角度	限位开关、光电开关	规定位置检测 规定角度检测
		位置、角度	电位器、直线感应同步器 角度式电位器、光电编码器	位置移动检测 角度变化检测
	速度	速度	测速发电机、增量式码盘	速度检测
	加速度	加速度	压电式加速度传感器 压阻式加速度传感器	加速度检测

续表

项目	传感器	检测内容	检测器件	应用
外部传感器	触觉	接触	限制开关	动作顺序控制
		把握力	应变计、半导体感压元件	把握力控制
		荷重	弹簧变位测量器	张力控制、指压控制
		分布压力	导电橡胶、感压高分子材料	姿势、形状判别
		多元力	应变计、半导体感压元件	装配力控制
		力矩	压阻元件、电动机电流计	协调控制
		滑动	光学旋转检测器、光纤	滑动判定、力控制
	接近觉	接近	光电开关、LED、红外、激光	动作顺序控制
		间隔	光电晶体管、光电二极管	障碍物躲避
		倾斜	电磁线圈、超声波传感器	轨迹移动控制、探索
	视觉	平面位置	摄像机、位置传感器	位置决定、控制
		距离	测距仪	移动控制
		形状	线图像传感器	物体识别、判别
		缺陷	面图像传感器	检查,异常检测
	听觉	声音	麦克风	语言控制(人机接口)
		超声波	超声波传感器	
	嗅觉	气体成分	气体传感器、射线传感器	化学成分探测

(1) 内部传感器

内部传感器是用于测量机器人自身状态参数（如手臂间的角度等）的功能元件。该类传感器安装在机器人坐标轴中，用来感知机器人自身的状态，以调整和控制机器人的行动。内部传感器通常由位置、速度及加速度传感器等组成。

(2) 外部传感器

外部传感器用于测量与机器人作业有关的外部信息，这些外部信息通常与机器人的识别、作业安全等有关。检测机器人所处环境（如距离物体有多远等）及状况（抓取物体是否滑落等）都要使用外部传感器。外部传感器可获取机器人周围环境、目标物的状态信息，使机器人和环境发生交互作用，从而使机器人对环境有自校正和自适应能力。外部传感器进一步可分为末端操作器传感器和环境传感器。末端操作器传感器主要安装在末端操作器上，用来检测并处理微小而精密作业的感觉信息，如触觉传感器、力觉传感器。环境传感器用于识别环境状态，帮助机器人完成操作作业中的各种决策。环境传感器主要为视觉传感器，也包括超声波传感器。

5.2 工业机器人的触觉系统

机器人触觉传感技术是实现机器人智能化的关键技术之一，触觉传感器是机器人与环境直接作用的必要媒介，是模仿人手使之具有接触觉、滑动觉、热觉等感知功能。

触觉是一种复合传感，通过人体表面的温度觉、力觉传感器等提供的复合信息可以识别物体的冷热、尺寸、柔软度、表面形状、表面纹理等特征，为人类感知世界提供了大量有用的信息。

在机器人领域使用触觉传感器的目的在于获取机械手与工作空间中物体接触的有关信息。例如，触觉信息可以用于物体的定位和识别以及控制机械手加在物体上的力。

触觉是人与外界环境直接接触时的重要感觉功能，研制满足要求的触觉传感器是机器人发展中的技术关键之一。随着微电子技术的发展和各种有机材料的出现，已经提出了多种多样的触觉传感器的研制方案，但目前大都属于实验阶段，达到产品化的不多。触觉传感器按功能大致可分为接触觉传感器、力-力矩觉传感器、压觉传感器和滑觉传感器等。

5.2.1 接触觉传感器

接触觉传感器是用以判断机器人（主要指四肢）是否接触到外界物体或测量被接触物体的特征的传感器。接触觉传感器有微动开关、导电橡胶式、含碳海绵式、碳素纤维式、气动复位式装置等类型。

(1) 微动开关

由弹簧和触头构成。触头接触外界物体后离开基板，造成信号通路断开，从而测到与外界物体的接触。这种常闭式（未接触时一直接通）微动开关的优点是使用方便、结构简单，缺点是易产生机械振荡和触头易氧化。

(2) 导电橡胶式

它以导电橡胶为敏感元件。当触头接触外界物体受压后，压迫导电橡胶，使它的电阻发生改变，从而使流经导电橡胶的电流发生变化。这种传感器的缺点是由于导电橡胶的材料配方存在差异，出现的漂移和滞后特性也不一致，优点是具有柔性。

(3) 含碳海绵式

如图 5-1 所示，它在基板上装有海绵构成的弹性体，在海绵中按阵列布以含碳海绵。接触物体受压后，含碳海绵的电阻减小，测量流经含碳海绵电流的大小，可确定受压程度。这种传感器也可用作压力觉传感器。优点是结构简单、弹

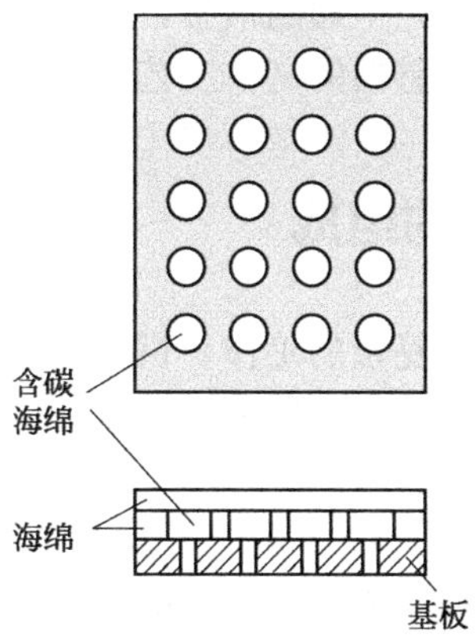

图 5-1　含碳海绵式接触觉传感器

性好、使用方便。缺点是碳素分布均匀性直接影响测量结果和受压后恢复能力较差。

(4) 碳素纤维式

以碳素纤维为上表层，下表层为基板，中间装以氨基甲酸酯和金属电极。接触外界物体时碳素纤维受压与电极接触导电。优点是柔性好，可装于机械手臂曲面处，但滞后较大。

(5) 气动复位式

它有柔性绝缘表面，受压时变形，脱离接触时则由压缩空气作为复位的动力。与外界物体接触时其内部的弹性圆泡（铍铜箔）与下部触点接触而导电。优点是柔性好、可靠性高，但需要压缩空气源。

5.2.2　滑觉传感器

滑觉传感器用于判断和测量机器人抓握或搬运物体时物体所产生的滑移。它实际上是一种位移传感器。按有无滑动方向检测功能可分为无方向性、单方向性和全方向性三类。

① 无方向性传感器有探针耳机式，它由蓝宝石探针、金属缓冲器、压电罗谢尔盐晶体和橡胶缓冲器组成。滑动时探针产生振动，由罗谢尔盐转换为相应的电信号。缓冲器的作用是减小噪声。

② 单方向性传感器有滚筒光电式，被抓物体的滑移使滚筒转动，导致光敏二极管接收到透过码盘（装在滚筒的圆面上）的光信号，通过滚筒的转角信号而测出物体的滑动。

③ 全方向性传感器采用表面包有绝缘材料并构成经纬分布的导电与不导电区的金属球。当传感器接触物体并产生滑动时，球发生转动，使球面上的导电与

不导电区交替接触电极，从而产生通断信号，通过对通断信号的计数和判断可测出滑移的大小和方向。这种传感器的制作工艺要求较高。

5.3 机器人视觉系统的组成

为了使机器人能够胜任更复杂的工作，机器人不但要有更好的控制系统，还需要更多地感知环境的变化。其中机器人视觉以其可获取的信息量大、信息面广成为机器人最重要的感知功能。

机器视觉（machinevision）技术是门涉及人工智能、神经生物学、心理物理学、计算机科学、图像处理、模式识别等诸多领域的交叉学科，机器视觉主要用计算机来模拟人的视觉功能，但其并不仅仅是人眼的简单延伸，更重要的是具有人脑的一部分功能——从客观事物的图像中提取信息，进行处理并加以理解，最终用于实际检测、测量和控制。美国制造工程师协会（机器视觉分会和美国机器人工业协会的自动化视觉分会）对机器视觉的定义为：机器视觉是通过光学的装置和非接触的传感器自动地接收和处理一个真实物体的图像，以获得所需信息或用于控制机器人运动的感觉。

在20世纪70年代，出现了一些实用性的视觉系统，应用于集成电路生产、精密电子、工业机器人GOVGVE JOREN产品装配、饮料罐装质量的检验等。到了80年代后期，出现了专门的图像处理硬件，人们开始系统地研究机器人视觉控制系统。20世纪90年代，随着计算机功能的增强及其价格的下降，以及图像处理硬件和CCD摄像机的快速发展，机器人视觉系统吸引了越来越多的研究人员。90年代后期，视觉伺服控制技术在结构形式、图像处理方法、控制策略等方面都有了很大的进步，机器视觉技术伴随计算机技术、现场总线技术的发展日臻成熟，目前已是现代加工制造业不可或缺的一项技术，广泛应用于食品和饮料、化妆品、制药、建材和化工、金属加工、电子制造、包装、汽车制造等行业，例如印制电路板的视觉检查、钢板表面的自动探伤、大型工件平行度的测量、容器容积或杂质检测、机械零件的自动识别分类和几何尺寸测量等，都应用到了机器视觉技术。此外，在许多用其他检测方法都难以奏效的场合，利用机器视觉系统都可以有效地完成检测。机器视觉技术的应用，使得机器工作越来越多地代替了人的劳动，这无疑在很大程度上提高了生产自动化水平和检测系统的智能水平。

机器视觉系统的特点如下：

① 精度高。优秀的机器视觉系统能够对100个或更多目标中的一个进行空间测量，因为此种测量不需要接触目标，对目标没有损伤和危险，同时还采用了计算机技术，因此具有很高的精确度。

② 连续性。机器视觉系统可以使人们免受疲劳之苦。因为没有人工操作者，

也就改变了人为原因造成的操作变化。

③ 灵活性。机器视觉系统能够进行各种不同信息的获取或测量。当应用需求发生变化以后，只需对软件做相应改变或升级就可适应新的需求。

④ 标准性。机器视觉系统的核心是视觉图像技术，因此不同厂商的机器视觉系统产品的标准是一致的，这为机器视觉的广泛应用提供了极大的方便。

5.3.1　视觉系统组成

机器视觉系统是指通过机器视觉传感器抓取图像，然后将该图像传送全处理单元，通过数字化处理，根据像素分布和亮度、原色等信息，进行尺寸、形状、颜色等的判别，进而根据判别的结果来控制现场设备动作的系统。以汽车整车尺寸机器视觉测量系统为例，机器视觉系统一般由照明系统、视觉传感器、图像采集卡、图像处理软件、显示器、计算机、通信（输入输出）单元等组成。

(1) 视觉传感器

视觉传感器是整个机器视觉系统信息的直接来源，主要由一个或者两个图形传感器组成，有时还要配以光投射器及其他辅助设备。视觉传感器的主要功能是获取足够的机器视觉系统要处理的最原始图像。

视觉传感器是指利用光学元件和成像装置获取外部环境图像信息的仪器，通常用图像分辨率来描述视觉传感器的性能。视觉传感器的精度不仅与分辨率有关，而且同被测物体的检测距离相关。被测物体距离越远，其绝对的位置精度越差。

视觉传感器具有从一整幅图像捕获光线的数以千计的像素。图像的清晰和细腻程度通常用分辨率来衡量，以像素数量表示。在捕获图像之后，视觉传感器将其与内存中存储的基准图像进行比较，以做出分析。例如，若视觉传感器被设定为辨别正确地插有八颗螺栓的机器部件，则传感器知道应该拒收只有七颗螺栓的部件，或者螺栓未对准的部件。此外，无论该机器部件位于视场中的哪个位置，无论该部件是否在 360°范围内旋转，视觉传感器都能做出判断。

(2) 图像采集卡

图像采集卡是机器视觉系统的重要组成部分，其主要功能是相机输出的数据进行实时的采集。图像采集卡（image capture card）又称图像捕捉卡，是一种可以获取数字化视频图像信息，并将其存储和播放出来的硬件设备。很多图像采集卡能在捕捉视频信息的同时获得伴音，使音频部分和视频部分在数字化时同步保存、同步播放。在电脑上通过图像采集卡可以接收来自视频输入端的模拟视频信号，将该信号采集、量化成数字信号，然后压缩编码成数字视频。大多数图像采集卡都具备硬件压缩的功能，在采集视频信号时首先在卡上对视频信号进行压缩，然后再通过 PCI 接口把压缩的视频数据传送到主机上。一般的 PC 视频采集卡采用帧内压缩的算法把数字化的视频存储成 AVI 文件，高档一些的视频采集卡还能直接把采集到的数字视频数据实时压缩成 MPEG-1 格式的文件。

由于模拟视频输入端可以提供不间断的信息源，视频采集卡要采集模拟视频序列中的每帧图像，并在采集下一帧图像之前把这些数据传入 PC 系统。因此，实现实时采集的关键是每一帧所需的处理时间。如果每帧视频图像的处理时间超过相邻两帧之间的相隔时间，则要出现数据的丢失，也即丢帧现象。采集卡都是把获取的视频序列先进行压缩处理，然后再存入硬盘，也就是说视频序列的获取和压缩是在一起完成的，免除了再次进行压缩处理的不便。不同档次的采集卡具有不同质量的采集压缩性能。

(3) 光源

机器视觉系统的核心是图像采集和处理。所有信息均来源于图像之中，图像本身的质量对整个视觉系统极为关键。而光源则是影响机器视觉系统图像水平的重要因素，因为它直接影响输入数据的质量和至少 30%的应用效果。

通过适当的光源照明设计，使图像中的目标信息与背景信息得到最佳分离，可以大大降低图像处理算法分割、识别的难度，同时提高系统的定位、测量精度，使系统的可靠性和综合性能得到提高。反之，如果光源设计不当，会导致在图像处理算法设计和成像系统设计中事倍功半。因此，光源及光学系统设计的成败是决定系统成败的首要因素。在机器视觉系统中，光源的作用至少有以下几种：

① 照亮目标，提高目标亮度；

② 形成最有利于图像处理的成像效果；

③ 克服环境光干扰，保证图像的稳定性；

④ 用作测量的工具或参照。

由于没有通用的机器视觉照明设备，所以针对每个特定的应用实例，要设计相应的照明装置，以达到最佳效果。机器视觉系统的光源的价值也正在于此。

图像的质量好坏，也就是看图像边缘是否清晰明显，具体来说：

① 将感兴趣部分和其他部分的灰度值差异加大；

② 尽量消隐不感兴趣部分；

③ 提高信噪比，利于图像处理；

④ 减少因材质、照射角度对成像的影响。

常用的光源有 LED 光源、卤素灯（光纤光源）、高频荧光灯。目前 LED 光源最常用，主要有如下几个特点：

① 可制成各种形状、尺寸及各种照射角度；

② 可根据需要制成各种颜色，并可以随时调节亮度；

③ 通过散热装置，散热效果更好，光亮度更稳定；

④ 使用寿命长；

⑤ 反应快捷，可在 10μs 或更短的时间内达到最大亮度；

⑥ 电源带有外触发，可以通过计算机控制，启动速度快，可以用作频闪灯；

⑦ 运行成本低、寿命长的 LED，会在综合成本和性能方面体现出更大的优势；

⑧ 可根据客户的需要，进行特殊设计。

(4) 计算机

计算机是机器视觉的关键组成部分。由视觉传感器得到的图像信息由计算机存储和处理，根据各种目的输出处理后的结果。20 世纪 80 年代以前，由于微型计算机的内存量小、内存条的价格高，因此往往需另加一个图像存储器来存储图像数据。现在，除了某些大规模视觉系统之外，一般使用微型计算机或小型机就行了，不需另加图像存储器。计算机的运算速度越快，视觉系统处理图像的时间就越短。由于在制造现场中，经常有振动、灰尘、热辐射等，所以一般需要工业级的计算机。除了通过显示器显示图形之外，还可以用打印机或绘图仪输出图像。

5.3.2 镜头和视觉传感器

摄像机是视觉系统的主要部件，即光学元件镜头和视觉传感器。

(1) 镜头

光学元件镜头有两种，即定焦距和变焦距镜头。定焦距镜头适用于目标物位置固定不变的情况。这时摄像机采用固定安装法。定焦距镜头的优点是成像质量好，质量小，体积小，价格便宜等。不足之处是可调整性差，不能改变视野范围。变焦距镜头适用于要求视野范围可变的摄像系统，如焊缝跟踪系统。这时要对光圈、变焦和聚焦等进行控制。因此，要增加相应的控制电路。

焦距 f、物距 a 及像距 b 等参数的成像公式为

$$\frac{1}{a}+\frac{1}{b}=\frac{1}{f}$$

定焦距镜头的放大率 m 为 $$m=\frac{b}{a}$$

视场角 θ 是由画面尺寸和焦距决定的

$$\theta=2\arctan\frac{B}{2f}$$

式中 θ——视场角，rad；

B——画面水平宽度；

f——焦距。

镜头最大范围值 F 与成像亮度有关，是决定摄像机灵敏度的重要因素之一。F 值越小（光圈越大），成像亮度越高，则摄像机灵敏度越高。但是 F 值越小，

则镜头价格越高。F 值越大（光圈越小），景深越大，对提高图像质量有利。选用镜头时，要根据具体情况综合考虑上述参数。

（2）视觉传感器

视觉传感器的种类很多，如光敏晶体管、激光传感器、光导摄像管、析像管、固体摄像器件等。但只有两种适用于工业机器人领域，即光导摄像管和固体摄像器件。光导摄像管是最早采用的图像传感器。它具有一切电子管的缺点，即体积大，扰振性差，功耗大，寿命短等。因此，近年来在工业上有被固体器件逐渐取代的趋势。但摄像管在分辨力及灵敏度等性能指标上目前仍有优势。所以在一些要求较高的场合仍得到广泛应用。

图 5-2 是一个摄像管的结构原理图。摄像管外面是一圆柱形玻璃外壳。一端是电子枪，用来发射电子束。另一端是内表面有一层透明金属膜的屏幕。一层很薄的光敏“靶”附着在金属膜上，靶的电阻与光的强度成反比。靶后面的金属网格使电子束以近于零的速度到达靶面。聚焦线圈使电子束聚得很细，偏转线圈使电子束上下左右偏转扫描。

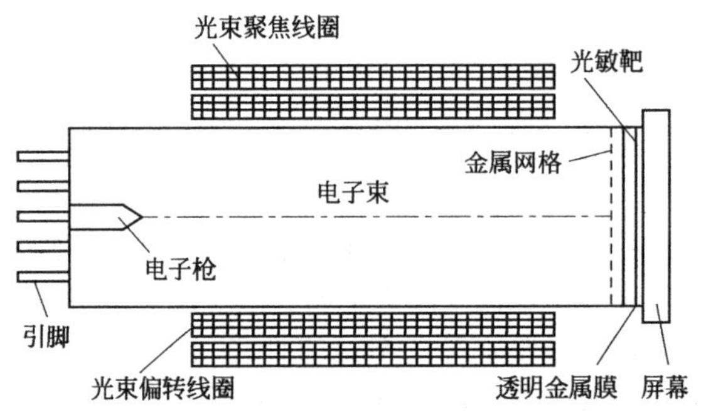

图 5-2　摄像管的结构原理图

工作时，金属膜加有正电压。无光照时，光敏靶的绝缘体特性使电子束在靶内表面形成电子层，平衡金属膜上的正电荷，这时光敏层相当于一个电容器。有光投射到光敏靶上时，其电阻降低，电子向正电荷方向流动，流动电子的数量正比于投射到靶上某区域上的光强，因此，在靶表面上的暗区电子剩余浓度较高，而在亮区较低。电子束再次扫描靶面时，使失去的电荷得到补充，于是在金属膜内形成了一个正比于该处光强的电流。从引脚将电流引入，加以放大，便得到一个正比于输入图像强度的视频信号。选用时，要考虑响应时间，标准扫描时间为 1/60s 一帧图像。

固体摄像器件的摄像原理与摄像管基本一致。不同的是图像投射屏幕由硅成像元素即光检测器排列的矩阵组成，用扫描电路替代了真空电子束扫描。它具有质量小、体积小、结构牢靠等优点，而且价格也越来越便宜，为工业应用带来了广阔的前景。

CCD 是 20 世纪 70 年代初发展起来的新型半导体光电成像器件。美国贝尔实验室的 W. S. Boyle 和 G. E. Smith 于 1970 年提出 CCD 的概念。20 多年来，随着新型半导体技术的不断涌现和器件微细化技术的日趋完备，CCD 技术得到了很快的发展。目前，CCD 技术在图像传感中的应用最为广泛，已成为现代光电子学和测试技术中最活跃、最富有成果的领域之一。CCD 器件可分为行扫描传感器和面阵传感器。行扫描传感器只能产生一行输入图像，其应用于物体相对传感器做垂直方向的运动（如传送带）或一维测盘。其分辨力一般在 256～2048 像素之间。面阵传感器的分辨力常用的为 256×256 像素、480×480 像素、1024×1024 像素。正在研制的 CCD 传感器还要达到更高的水平。在 20 世纪末的 25 年里，CCD 技术一直统领着图像传感器件的潮流。CCD 是能集成在一块很小的芯片上的高分辨力和高质量图像传感器。然而，近些年来随着半导体制造技术的飞速发展，集成晶体管的尺寸越来越小，性能越来越好，CMOS 图像传感器近年得到迅速发展，大有后来居上之势。CMOS 在中端、低端应用领域具有可以与 CCD 相媲美的性能，且在价格方面确实明显占有优势。随着技术的发展，CMOS 在高端应用领域也将占据一席之地。

5.3.3 电气输出接口

作为图像处理、机器视觉、工业自动化应用中的工业相机，与普通的摄像头、数码相机是有一些细节上的区别的，这里需要大家注意其中的关键点，可以减少许多调试、测试时间。工业相机分为模拟相机、数字相机。其中数字相机又有 USB2.0、USB3.0、1394A、1394B、GIGE 千兆网、Camera Link 等多种类型的接口，而各种接口都有其利弊。

USB2.0 接口的工业相机是目前最为普通的类型。许多厂商都生产此接口的相机。连我们常用的摄像头，也都是 USB2.0 接口的。其优点是所有电脑都配置有 USB2.0 接口，方便连接，不需要采集卡；缺点是其传输速率较慢，理论速度只有 480Mb/s（60MB/s），由于其糟糕的协议［Bulk-Only Transport（BOT）协议］与编码方式，数据只有 30MB/s 左右。USB 接口的相机通常没有坚固螺钉，因此在经常运动的设备上，可能会有松动的危险，这也是其一个不足之处。

USB3.0 接口的设计在 USB2.0 的基础上新增了两组数据总线，为了保证向下兼容，USB3.0 保留了 USB2.0 的一组传输总线，传输速率非常快，理论上能达到 5Gb/s。目前虽然市面上还没有太多的 USB3.0 相机出现，不过现在国内外的工业相机厂商都在积极推进，而且有些厂商已经有相关的样机出现。例如，维视图像公司根据市场需求就推出了 MV-VDM 小型 USB3.0 接口高速工业数字相机，该相机以高品质图像、传输快速及具竞争力的价格而闻名，优点是图像质量高，颜色还原性好，信号稳定，可以一台计算机同时连接多台工业相机。透过高速传输界面，帧速率最高可达 120 帧/s。

在工业领域中，1394（火线）接口应用还是非常广泛的，协议、编码方式都非常不错，传输速度也比较稳定，只不过由于早期苹果的垄断，造成其没有被广泛应用。在工业中，常用的是 400Mb 的 1394A 和 800Mb 的 1394B 接口。超过 800Mb 以上的也有，如 3.2Gb 的，但是比较少见。1394 接口，特别是 1394B 接口，都有坚固的螺钉。1394 接口不太方便的地方是其未能普及，因此电脑上通常不包含其接口，因此需要额外的采集卡。需要注意一下 1394 接口 Packet Size 数据包大小设置。Packet Size 是整个 1394 总线的带宽。

GIGE 千兆网接口的工业相机，应用中还是非常多的。一般来讲，连接到千兆网卡上，即能正常工作。但是需要注意一些特殊的细节，如早期的 NI 的软件，可能对千兆网卡的芯片有要求，需要使用 INTEL 的芯片才可以正常驱动 GIGE 相机，而使用如 Realtek 的芯片网卡，就无法响应。另外在千兆网卡的属性中，也有与 1394 中的 Packet Size 类似的巨帧。设置好此参数，可以达到更理想的效果。

Camera Link 接口的相机，实际应用中比较少。不过其传输速度是目前的工业相机中最快的一种，一般用于高分辨率高速面阵相机，或者是线阵相机上。

5.4 并联机器人感觉系统设计实例

并联机器人（图 5-3，Parallel Mechanism，PM），可以定义为动平台和定平台通过至少两个独立的运动链相连接，机构具有两个或两个以上自由度，且以并联方式驱动的一种闭环机构。并联机器人的特点呈现为无累积误差，精度较高；

图 5-3 并联机器人

驱动装置可置于定平台上或接近定平台的位置，这样运动部分重量轻，速度高，动态响应好。

在电子、轻工、食品和医药等行业中，通常需要以很高的速度完成诸如插装、封装、包装、分拣等操作，相应操作对象一般具有体积小、质量小的特征，需要高速并联机器人的应用。此外，在工业生产过程中，鉴于柔性生产的需求，要求机器人对外部环境变化具有较强的适应能力，需要为工业机器人安装上各种传感器，其中比较重要的一种就是视觉传感器（图 5-4 为并联机器人视觉传感器布局）。Delta 并联机器人的视觉控制及视觉标定为主攻方向。图 5-5 为视觉控制系统框图。

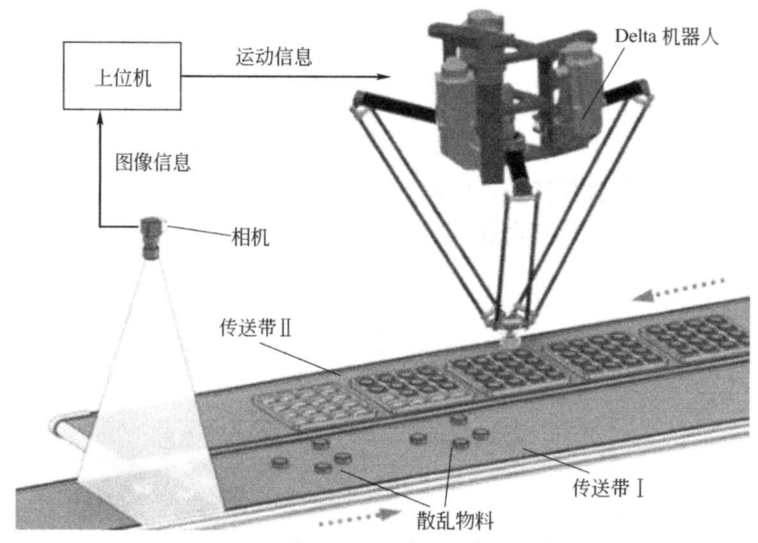

图 5-4　并联机器人视觉传感器布局

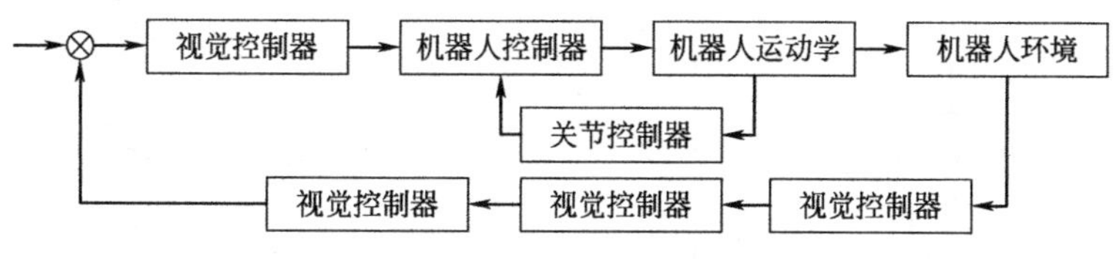

图 5-5　视觉控制系统框图

视觉控制系统（图 5-6 为视觉系统组成）平台硬件主要包括光源、CCD 相机、镜头、图像采集卡、运动控制卡、伺服电机等，下面对主要硬件的选型进行详述。

(1) CCD 相机

电荷耦合器件图像传感器（Charge Coupled Devices，CCD）是目前机器视觉最为常用的图像传感器。选择 CCD 相机主要考虑的参数是分辨率和帧转移频

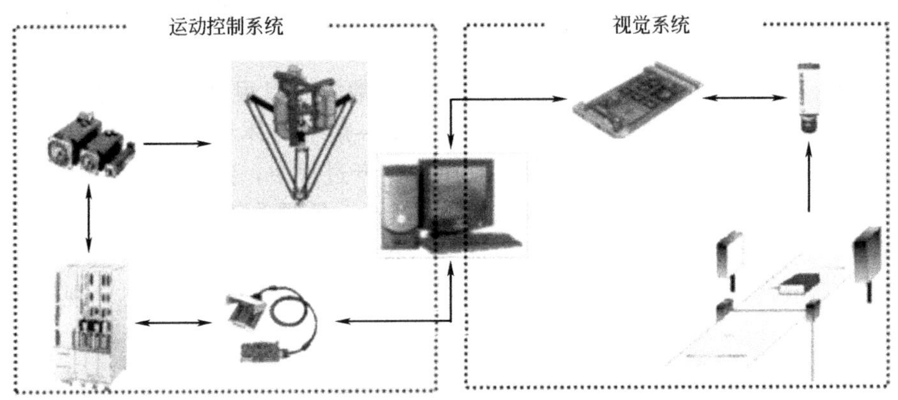

图 5-6 视觉系统组成

率。通常 CCD 相机的分辨率越高，帧转移频率越低。在 Delta 机器人生产线上，因为速度要求较高，且视觉系统主要用于提供传送带上物料的位置形状等信息，不需要去分辨物体的细节特征，因此应该选择分辨率较低、帧转移频率较高的 CCD 相机，以利于在拍摄移动物体时得到清晰的图像。

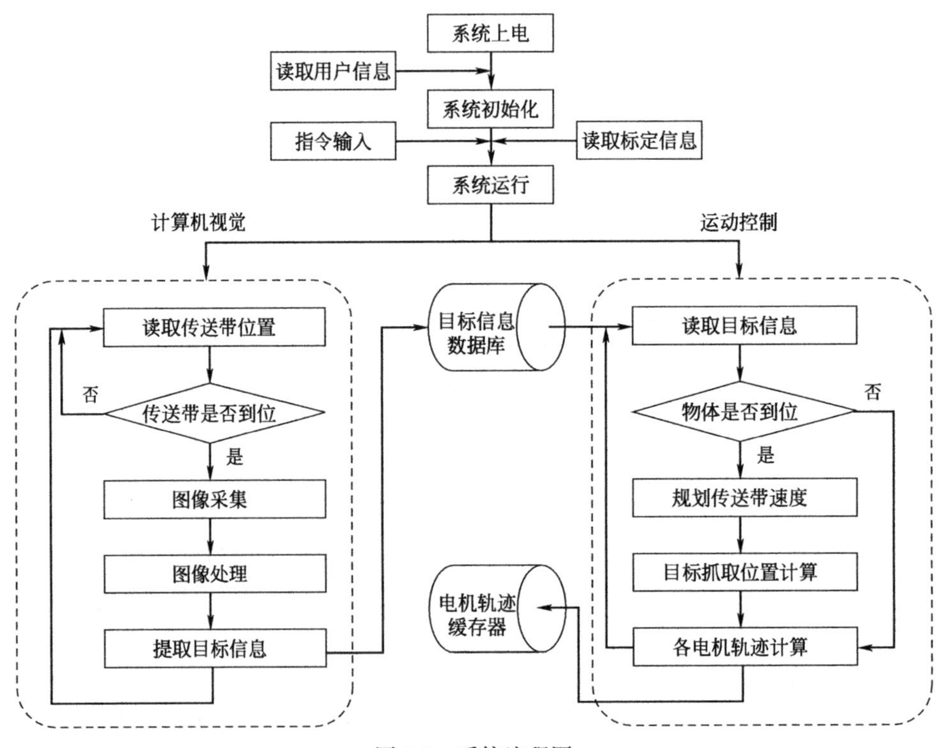

图 5-7 系统流程图

(2) 镜头

选择镜头主要考虑的因素有监控视场的大小、物距、焦距和CCD靶面尺寸等。前两点因素已经由工作现场环境确定。由于CCD相机已经选定，因此CCD靶面尺寸也可以确定。则相机焦距为

$$f=w\frac{D}{W}=6.4\times\frac{800}{300}=17.07(\mathrm{mm})$$

式中，D 为物距，取值800mm；w 为CCD芯片长度，取值6.4mm；W 为视场长度，取值300mm。则所需视角为

$$\theta=2\arctan\frac{W}{2D}=2\times\arctan\frac{300}{2\times800}=10.62°$$

选用Computar M1614-MP型号镜头。

(3) 视觉控制系统

整个控制系统可划分为视觉模块与伺服电机运动控制模块。为了保障系统流畅高效地运行，设计物体信息数据库作为两个模块的纽带，两模块并行运行，系统流程见图5-7。

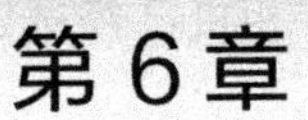

第6章 工业机器人编程系统设计

6.1 机器人编程系统及方式

机器人编程就是针对机器人为完成某项作业进行程序设计。在机器人专用语言未能实用之前，人们使用通用的计算机语言编制机器人管理和控制程序，当前最常用的语言有汇编语言、FORTRAN 语言、PASCAL 语言、BASIC 语言等。现在广泛使用的机器人语言也是在通用的计算机语言的基础上开发出来的。

一般而言，机器人语言至少应包括以下几个模块：系统初始化模块、状态自检模块、键盘命令处理模块、起始定位模块、编辑操作模块、示教操作模块、单步操作模块及再现操作模块等。

由于机器人的控制装置和作业要求多种多样，国内外尚未制定统一的机器人控制代码标准，因此编程语言也是多种多样的。目前，在工业生产中应用的机器人编程方法有示教编程法和离线编程法。

(1) 示教编程

目前机器人位姿的示教大致有两种方式：直接示教和离线示教，而随着计算机虚拟现实技术的快速发展，出现了虚拟示教。具体内容将在下一章讲述。

(2) 离线编程

机器人离线编程系统利用计算机图形学的成果建立起机器人及其工作环境模型，通过对图形的控制和操作，在离线的情况下进行机器人的轨迹规划，完成编程任务。离线编程和仿真系统包括主控模块、机器人语言处理模块、运动学及规划模块、机器人及环境三维构型模块、机器人运动仿真模块和系统通信等不同模块。该系统的工作过程为：首先用系统提供的机器人语言，根据作业任务对机器人进行编程，所编好的程序经过机器人语言处理模块进行处理，形成系统仿真所需的第一级数据；然后对编程结果进行三维图形动态仿真，进行碰撞检测和可行性检测；最后生成所需的控制代码，经过后置处理将代码传到机器人控制柜，使机器人完成所给定的任务。

6.2 编程语言的类型

伴随着机器人的发展，机器人语言也得到了发展和完善，机器人语言已经成为机器人技术的一个重要组成部分。机器人的功能除了依靠机器人的硬件支撑以外，相当一部分是靠机器人语言来完成的。早期的机器人由于功能单一，动作简单，可采用固定程序或者示教方式来控制机器人的运动。随着机器人作业动作的多样化和作业环境的复杂化，依靠固定的程序或示教方式已经满足不了要求，必须依靠能适应作业和环境随时变化的机器人语言。

1973 年，美国斯坦福人工智能实验室研究和开发了第一种机器人语言——WAVE 语言，它具有动作描述，能配合视觉传感器进行手眼协调控制等功能。1974 年，在 WAVE 语言的基础上开发了 AL 语言，它是一种编译形式的语言，可以控制多台机器人协调动作。1979 年，美国 Unimation 公司开发了 VAL 语言，并配置在 PUMA 机器人上，成为使用的机器人语言，它是一种类 BASIC 语言，语句结构比较简单，易于编程。美国 IBM 公司的 ML 语言，用于机器人装配作业。AML 语言用于 IBM 机器人控制。

6.2.1 编程语言的分类

机器人语言尽管有很多分类方法，但根据作业描述水平的高低，通常可分为三级：动作级、对象级、任务级。

(1) 动作级编程语言

动作级语言以机器人的运动作为描述中心，通常由使夹手从一个位置到另一个位置的一系列命令组成。动作级语言的每一个命令（指令）对应于一个动作。如可以定义机器人的运动序列（MOVE），基本语句形式为：MOVE TO。

动作级语言的语句比较简单，易于编程。其缺点是不能进行复杂的数学运算，不能接受复杂的传感器信息，仅能接受传感器的开关信号，并且和其他计算机的通信能力很差。

动作级编程又可分为关节级编程和终端执行器级编程两种。

① 关节级编程　关节级编程程序给出机器人各关节位移的时间序列。这种程序可以用汇编语言、简单的编程指令实现，也可通过示教盒示教或键入示教实现。关节级编程是一种在关节坐标系中工作的初级编程方法。用于直角坐标型机器人和圆柱坐标型机器人编程还较为简便，但用于关节型机器人，即使完成简单的作业，也首先要作运动综合才能编程，整个编程过程很不方便。关节级编程得到的程序没有通用性，因为一台机器人编制的程序一般难以用到另一台机器人上。这样得到的程序也不能模块化，它的扩展也十分困难。

② 终端执行器级编程　终端执行器级编程是一种在作业空间内各种设定好的坐标系里编程的编程方法。终端执行器级编程程序给出机器人终端执行器的位姿和辅助机能的时间序列，包括力觉、触觉、视觉等机能以及作业用量、作业工具的选定等。这种语言的指令由系统软件解释执行。可提供简单的条件分支，可应用于程序，并提供较强的感受处理功能和工具使用功能，这类语言有的还具有并行功能。

这种语言的基本特点是：①各关节的求逆变换由系统软件支持进行；②数据实时处理且导前于执行阶段；③使用方便，占内存较少；④指令语句有运动指令语言、运算指令语句、输入输出和管理语句等。

(2) 对象级编程语言

对象级语言解决了动作级语言的不足，它是描述操作物体间关系使机器人动作的语言，即是以描述操作物体之间的关系为中心的语言，它具有以下特点：

① 运动控制：具有与动作级语言类似的功能。

② 处理传感器信息：可以接受比开关信号复杂的传感器信号，并可利用传感器信号进行控制、监督以及修改和更新环境模型。

③ 通信和数字运算：能方便地和计算机的数据文件进行通信，数字计算功能强，可以进行浮点计算。

④ 具有很好的扩展性：用户可以根据实际需要，扩展语言的功能，如增加指令等。

作业对象级编程语言以近似自然语言的方式描述作业对象的状态变化，指令语句是复合语句结构，用表达式记述作业对象的位姿时序数据及作业用量，作业对象承受的力、力矩等时序数据。

将这种语言编制的程序输入编译系统后，编译系统将利用有关环境、机器人几何尺寸、中断执行器、作业对象、工具等的知识库和数据库对操作过程进行仿真。

这种语言的代表是IBM公司在20世纪70年代后期针对装配机器人开发出的ATUOPASS语言。它是一种用于计算机控制下进行机械零件装配的自动编程系统，该系统面对作业对象及装配操作而不直接面对装配机器人的运动。

(3) 任务级编程语言

任务级语言是比较高级的机器人语言，这类语言允许使用者对工作任务所要求达到的目标直接下命令，不需要规定机器人所做的每一个动作的细节。只要按某种原则给出最初的环境模型和最终工作状态，机器人即可自动进行推理、计算，最后自动生成机器人的动作。

任务级语言的概念类似于人工智能中程序自动生成的概念。任务级机器人编程系统能够自动执行许多规划任务。任务级机器人编程系统必须能把指定的工作任务翻译为执行该任务的程序。

6.2.2　机器人编程常用的四大语言

6.2.2.1　VAL 语言

(1) VAL 语言及特点

VAL 语言是美国 Unimation 公司于 1979 年推出的一种机器人编程语言，主要配置在 PUMA 和 UNIMATION 等机器人上，是一种专用的动作类描述语言。VAL 语言是在 BASIC 语言的基础上发展起来的，所以与 BASIC 语言的结构很相似。在 VAL 的基础上 Unimation 公司推出了 VALⅡ语言。VAL 语言可应用于上下两级计算机控制的机器人系统。上位机为 LSI-11/23，编程在上位机中进行，上位机进行系统的管理；下位机为 6503 微处理器，主要控制各关节的实时运动。编程时可以 VAL 语言和 6503 汇编语言混合编程。VAL 语言命令简单、清晰易懂，描述机器人作业动作及与上位机的通信均较方便，实时功能强；可以在在线和离线两种状态下编程，适用于多种计算机控制的机器人；能够迅速地计算出不同坐标系下复杂运动的连续轨迹，能连续生成机器人的控制信号，可以与操作者交互地在线修改程序和生成程序；VAL 语言包含一些子程序库，通过调用各种不同的子程序可很快组合成复杂操作控制；能与外部存储器进行快速数据传输以保存程序和数据。

VAL 语言系统包括文本编辑、系统命令和编程语言三个部分。在文本编辑状态下可以通过键盘输入文本程序，也可通过示教盒在示教方式下输入程序。在输入过程中可修改、编辑、生成程序，最后保存到存储器中。在此状态下也可以调用已存在的程序。系统命令包括位置定义、程序和数据列表、程序和数据存储、系统状态设置和控制、系统开关控制、系统诊断和修改。编程语言把一条条程序语句转换执行。

(2) VAL 语言的指令

VAL 语言包括监控指令和程序指令两种。其中监控指令有六类，分别为位置及姿态定义指令、程序编辑指令、列表指令、存储指令、控制程序执行指令和系统状态控制指令。各类指令的具体形式及功能如下。

① 监控指令

a. 位置及姿态定义指令

ⅰ. POINT 指令：执行终端位置、姿态的齐次变换或以关节位置表示的精确点位赋值。其格式有两种：

POINT＜变量＞[=＜变量 2＞…＜变量 n＞]或 POINT＜精确点＞[=＜精确点 2＞]

例如：

POINTPICK1=PICK2

指令的功能是置变量 PICK1 的值等于 PICK2 的值。

又如：

POINT＃PARK

是准备定义或修改精确点 PARK。

ⅱ. DPOINT 指令：删除包括精确点或变量在内的任意数量的位置变量。

ⅲ. HERE 指令：此指令使变量或精确点的值等于当前机器人的位置。

例如：

HEREPLACK

是定义变量 PLACK 等于当前机器人的位置。

ⅳ. WHERE 指令：该指令用来显示机器人在直角坐标空间中的当前位置和关节变量值。

ⅴ. BASE 指令：用来设置参考坐标系，系统规定参考系原点在关节 1 和 2 轴线的交点处，方向沿固定轴的方向。

格式：

BASE[<dX>],[<dY>],[<dZ>],[<Z 向旋转方向>]

例如：

BASE300，－50，30

是重新定义基准坐标系的位置，它从初始位置向 X 方向移 300°，沿 Z 的负方向移 50°，再绕 Z 轴旋转了 30°。

ⅵ. TOOLI 指令：此指令的功能是对工具终端相对工具支承面的位置和姿态赋值。

b. 程序编辑指令　EDIT 指令：此指令允许用户建立或修改一个指定名字的程序，可以指定被编辑程序的起始行号。其格式为：

EDIT[<程序名>],[<行号>]

如果没有指定行号，则从程序的第一行开始编辑；如果没有指定程序名，则上次最后编辑的程序被响应。

用 EDIT 指令进入编辑状态后，可以用 C、D、E、I、L、P、R、S、T 等命令来进一步编辑。如：

C 命令：改变编辑的程序，用一个新的程序代替。

D 命令：删除从当前行算起的 n 行程序，n 缺省时为删除当前行。

E 命令：退出编辑返回监控模式。

I 命令：将当前指令下移一行，以便插入一条指令。

P 命令：显示从当前行往下 n 行的程序文本内容。

T 命令：初始化关节插值程序示教模式，在该模式下，按一次示教盒上的“RECODE”按钮就将 MOVE 指令插到程序中。

c. 列表指令

ⅰ. DIRECTORY 指令：此指令的功能是显示存储器中的全部用户程序名。

ⅱ. LISTL 指令：功能是显示任意个位置变量值。

ⅲ. LISTP 指令：功能是显示任意个用户的全部程序。

d. 存储指令

ⅰ. FORMAT 指令：执行磁盘格式化。

ⅱ. STOREP 指令：功能是在指定的磁盘文件内存储指定的程序。

ⅲ. STOREL 指令：此指令存储用户程序中注明的全部位置变量名和变量值。

ⅳ. LISTF 指令：指令的功能是显示软盘中当前输入的文件目录。

ⅴ. LOADP 指令：功能是将文件中的程序送入内存。

ⅵ. LOADL 指令：功能是将文件中指定的位置变量送入系统内存。

ⅶ. DELETE 指令：此指令撤销磁盘中指定的文件。

ⅷ. COMPRESS 指令：只用来压缩磁盘空间。

ⅸ. ERASE 指令：擦除指令内容并初始化。

e. 控制程序执行指令

ⅰ. ABORT 指令：执行此指令后紧急停止（紧停）。

ⅱ. DO 指令：执行单步指令。

ⅲ. EXECUTE 指令：此指令执行用户指定的程序 n 次，n 可以从－32768 到 32767，当 n 被省略时，程序执行一次。

ⅳ. NEXT 指令：此指令控制程序在单步方式下执行。

ⅴ. PROCEED 指令：此指令实现在某一步暂停、急停或运行错误后，自下一步起继续执行程序。

ⅵ. RETRY 指令：指令的功能是在某一步出现运行错误后，仍自那一步重新运行程序。

ⅶ. SPEED 指令：指令的功能是指定程序控制下机器人的运动速度，其值从 0.01 到 327.67，一般正常速度为 100。

f. 系统状态控制指令

ⅰ. CALIB 指令：此指令校准关节位置传感器。

ⅱ. STATUS 指令：用来显示用户程序的状态。

ⅲ. FREE 指令：用来显示当前未使用的存储容量。

ⅳ. ENABL 指令：用于开、关系统硬件。

ⅴ. ZERO 指令：此指令的功能是清除全部用户程序和定义的位置，重新初始化。

ⅵ. DONE：此指令停止监控程序，进入硬件调试状态。

② 程序指令

a. 运动指令　指令包括 GO、MOVE、MOVEI、MOVES、DRAW、APPRO、

APPROS、DEPART、DRIVE、READY、OPEN、OPENI、CLOSE、CLOSEI、RELAX、GRASP及DELAY等。这些指令大部分具有使机器人按照特定的方式从一个位姿运动到另一个位姿的功能，部分指令表示机器人手爪的开合。例如：

MOVE＃PICK!

表示机器人由关节插值运动到精确PICK所定义的位置。“!”表示位置变量已有自己的值。

MOVET＜位置＞,＜手开度＞

功能是生成关节插值运动使机器人到达位置变量所给定的位姿，运动中若手为伺服控制，则手由闭合改变到手开度变量给定的值。

又例如：

OPEN[＜手开度＞]

表示使机器人手爪打开到指定的开度。

b. 机器人位姿控制指令　这些指令包括RIGHTY、LEFTY、ABOVE、BELOW、FLIP及NOFLIP等。

c. 赋值指令　赋值指令有SETI、TYPEI、HERE、SET、SHIFT、TOOL、INVERSE及FRAME。

d. 控制指令　控制指令有GOTO、GOSUB、RETURN、IF、IFSIG、REACT、REACTI、IGNORE、SIGNAL、WAIT、PAUSE及STOP。

其中GOTO、GOSUB实现程序的无条件转移，而IF指令执行有条件转移。IF指令的格式为

IF＜整型变量1＞＜关系式＞＜整型变量2＞＜关系式＞THEN＜标识符＞

该指令比较两个整型变量的值，如果关系状态为真，程序转到标识符指定的行去执行，否则接着下一行执行。关系表达式有：EQ（等于）、NE（不等于）、LT（小于）、GT（大于）、LE（小于或等于）及GE（大于或等于）。

e. 开关量赋值指令　指令包括SPEED、COARSE、FINE、NONULL、NULL、INTOFF及INTON。

f. 其他指令　其他指令包括REMARK及TYPE。

6.2.2.2 SIGLA语言

SIGLA是一种仅用于直角坐标式SIGMA装配型机器人运动控制时的一种编程语言，是20世纪70年代后期由意大利Olivetti公司研制的一种简单的非文本语言。这种语言主要用于装配任务的控制，它可以把装配任务划分为一些装配子任务，如取旋具，在螺钉上料器上取螺钉A，搬运螺钉A，定位螺钉A，装入螺钉A，紧固螺钉等。编程时预先编制子程序，然后用子程序调用的方式来完成。

6.2.2.3 IML 语言

IML 也是一种着眼于末端执行器的动作级语言，由日本九州大学开发而成。IML 语言的特点是编程简单，能人机对话，适合于现场操作，许多复杂动作可由简单的指令来实现，易被操作者掌握。IML 用直角坐标系描述机器人和目标物的位置和姿态。坐标系分两种，一种是机座坐标系，另一种是固连在机器人作业空间上的工作坐标系。语言以指令形式编程，可以表示机器人的工作点、运动轨迹、目标物的位置及姿态等信息，从而可以直接编程。往返作业可不用循环语句描述，示教的轨迹能定义成指令插到语句中，还能完成某些力的施加。

IML 语言的主要指令有运动指令 MOVE、速度指令 SPEED、停止指令 STOP、手指开合指令 OPEN 及 CLOSE、坐标系定义指令 COORD、轨迹定义命令 TRAJ、位置定义命令 HERE、程序控制指令 IF... THEN、FOREACH 语句、CASE 语句及 DEFINE 等。

6.2.2.4 AL 语言

(1) AL 语言概述

AL 语言是 20 世纪 70 年代中期美国斯坦福大学人工智能研究所开发研制的一种机器人语言，它是在 WAVE 的基础上开发出来的，也是一种动作级编程语言，但兼有对象级编程语言的某些特征，使用于装配作业。它的结构及特点类似于 PASCAL 语言，可以编译成机器语言在实时控制机上运行，具有实时编译语言的结构和特征，如可以同步操作、条件操作等。AL 语言设计的原始目的是用于具有传感器信息反馈的多台机器人或机械手的并行或协调控制编程。

运行 VA 语言的系统硬件环境包括主、从两级计算机控制。主机为 PDP-10，主机内的管理器负责管理协调各部分的工作，编译器负责对 AL 语言的指令进行编译并检查程序，实时接口负责主、从机之间的接口连接，装载器负责分配程序。从机为 PDP-11/45。从机的功能是对 AL 语言进行编译，对机器人的动作进行规划；从机接受主机发出的动作规划命令，进行轨迹及关节参数的实时计算，最后对机器人发出具体的动作指令。

(2) AL 语言的编程格式

① 程序由 BEGIN 开始，由 END 结束。

② 语句与语句之间用分号隔开。

③ 变量先定义说明其类型，后使用。变量名以英文字母开头，由字母、数字和下划线组成，字母大、小写不分。

④ 程序的注释用大括号括起来。

⑤ 变量赋值语句中如所赋的内容为表达式，则先计算表达式的值，再把该值赋给等式左边的变量。

(3) AL 语言中数据的类型

① 标量（scalar） 可以是时间、距离、角度及力等，可以进行加、减、乘、

除和指数运算，也可以进行三角函数、自然对数和指数换算。

② 向量（vector） 与数学中的向量类似，可以由若干个量纲相同的标量来构造一个向量。

③ 旋转（rot） 用来描述一个轴的旋转或绕某个轴的旋转以表示姿态。用rot变量表示旋转变量时带有两个参数，一个代表旋转轴的简单矢量，另一个表示旋转角度。

④ 坐标系（frame） 用来建立坐标系，变量的值表示物体固连坐标系与空间作业的参考坐标系之间的相对位置与姿态。

⑤ 变换（trans） 用来进行坐标变换，具有旋转和向量两个参数，执行时先旋转再平移。

(4) AL语言的语句介绍

① MOVE语句 用来描述机器人手爪的运动，如手爪从一个位置运动到另一个位置。MOVE语句的格式为

MOVE＜HAND＞TO＜目的地＞

② 手爪控制语句 OPEN：手爪打开语句。CLOSE：手爪闭合语句。

语句的格式为

OPEN＜HAND＞TO＜SVAL＞

CLOSE＜HAND＞TO＜SVAL＞

其中SVAL为开度距离值，在程序中已预先指定。

③ 控制语句 与PASCAL语言类似，控制语句有下面几种：

IF＜条件＞THEN＜语句＞ELSE＜语句＞WHILE＜条件＞DO＜语句＞CASE＜语句＞DO＜语句＞UNTIL＜条件＞

FOR... STEP... UNTIL...

④ AFFIX和UNFIX语句 在装配过程中经常出现将一个物体粘到另一个物体上或一个物体从另一个物体上剥离的操作。语句AFFIX为两物体结合的操作，语句UNFIX为两物体分离的操作。

例如：BEAM _ BORE和BEAM分别为两个坐标系，执行语句AFFIX-BEAM _ BORETOBEAM后两个坐标系就附着在一起了，即一个坐标系的运动也将引起另一个坐标系的同样运动。然后执行语句UNFIXBEAM _ BORE-FROMBEAM，两坐标系的附着关系被解除。

⑤ 力觉的处理 在MOVE语句中使用条件监控子语句可实现使用传感器信息来完成一定的动作。监控子语句如：

ON＜条件＞DO＜动作＞

例如：

MOVEBARMTO⊕-0.1 * INCHESONFORCE(Z)＞10 * OUNCESDOSTOP

表示在当前位置沿 Z 轴向下移动0.1in（英寸，1in=25.4mm），如果感觉

Z 轴方向的力超过 10oz（盎司，1oz＝28.3495g），则立即命令机械手停止运动。

6.3 工业机器人编程、设计过程

不同厂家的机器人都有不同的编程语言，但程序设计的过程都是大同小异的。下面以三菱公司生产的 Movemaster EX RV-M1 装配机器人的一个应用实例为例来说明程序设计的具体过程。要求该机器人将待测工件从货盘 1 上拾起，在检测设备上检测之后，放在货盘 2 上；共 60 个工件，在货盘 1 上按 12×5 的形式摆放，在货盘 2 上按 12×4 的形式摆放。

（1）Movemaster EX RV-M1 装配机器人各硬件的功能

如图 6-1 所示，Movemaster EX RV-M1 装配机器人各硬件的功能如下。

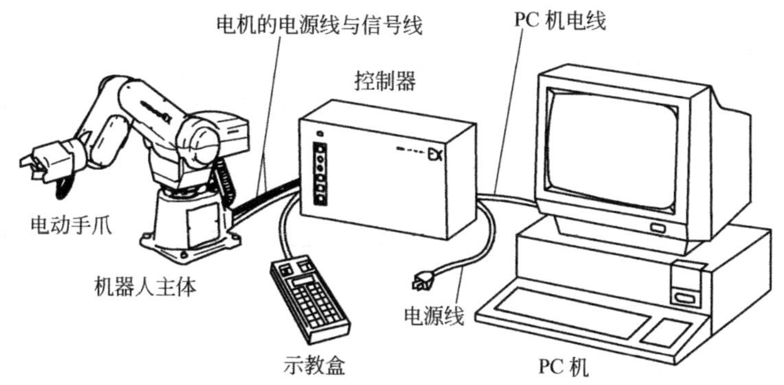

图 6-1　Movemaster EX RV-M1 装配机器人

① 机器人主体　具有和人手臂相似功能的动作机能，可在空间中抓放物体或进行其他动作。

② 机器人控制器　可通过 RS232 接口和 Centronics connector 连接上位编程 PC 机，实现控制器存储器与 PC 机存储器程序之间的相互传送；可以与示教盒相接，处理操作者的示教信号并驱动相应的输出；可以把外部 I/O 信号转换成控制器的 CPU 处理的结果去控制相应的关节的转动速度与转动角速度。

③ 示教盒　操作者可利用示教盒上所有具有的各种功能的按钮来驱动工业机器人的各关节轴，从而完成位置定义等功能。

④ PC 机　可通过三菱公司所提供的编程软件对机器人进行在线和离线编程。

（2）Movemaster EX RV-M1 装配机器人的编程语言

这款机器人的编程指令可分为 5 类：位置/动作控制功能指令、程序控制功能指令、手爪控制功能指令、I/O 控制功能指令、通信控制功能指令。

(3) 设计流程图

设计流程图实际上是用流程图形式表示机器人的动作顺序。对于简单的机器人动作，这一步可以省略，直接进行编程，但对于复杂的机器人动作，为了完整地表达机器人所要完成的动作，这一步必不可少。可以看出，该任务中虽然机器人需要取放 60 个工件，但每一个工件的动作过程都是一样的，所以采用循环编程的方式，设计出的流程图如图 6-2 所示。

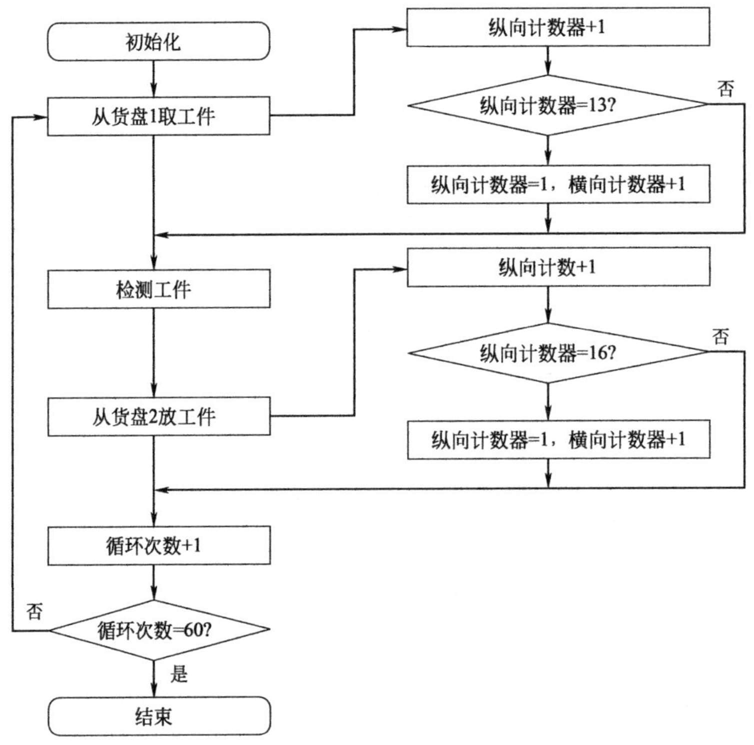

图 6-2　Movemaster EX RV-M1 装配机器人动作流程图

(4) 按功能进行编程

① 初始化程序。对于工业机器人，初始化一般包括复位、设置末端操作器的参数、定义位置点、定义货盘参数、给货盘计数器赋初值等。

定义位置点：

PD50，0，20，0，0；位置号为 50，只在 Z 轴上有 20mm 的偏移量

复位：

10　　NT；复位

设置末端操作器参数：

15　　TL145；工具长度设为 145mm

20　　GP10，8，10；设置手/爪的开/闭参数

定义货盘参数：

25 PA1，12，5；定义货盘 1（垂直 12X 水平 5）

30 PA2，12，4；定义货盘 2（垂直 12X 水平 4）

定义货盘计数器初值：

35 SC11，1；设置货盘 1 纵向计数器的初值

40 SC12，1；设置货盘 1 横向计数器的初值

45 SC21，1；设置货盘 2 纵向计数器的初值

35 SC22，1；设置货盘 2 横向计数器的初值

② 主程序。

100 RC60；设置从该行到 140 行的循环次数为 60

110 GS200；跳转到 200 行，从货盘 1 上夹起工件

120 GS300；跳转到 300 行，将工件装在检测设备上

130 GS400；跳转到 400 行，将工件放在货盘 2 上

140 NX；返回 100 行

150 ED；结束

③ 从货盘 1（图 6-3）夹起要检测的工件子程序。

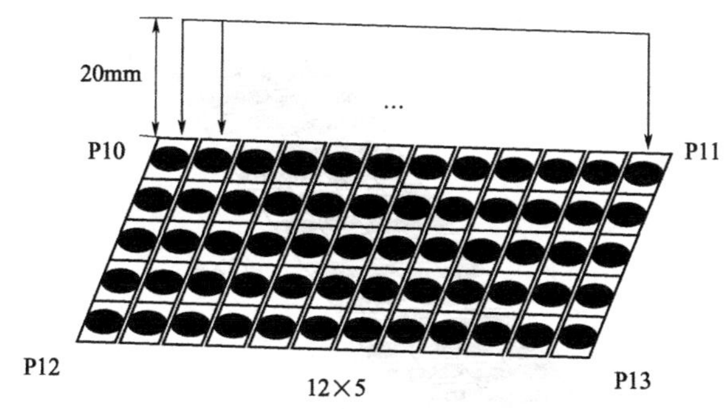

图 6-3 货盘 1

200 SP7；设置速度

202 PT1；定义货盘 1 上所计光栅数的坐标为位置 1

204 MA1，50，O；机器人移至位置 1 上方（Z 方向）20mm 处，此时机械手打开

206 SP2；设置速度为 2 级，较慢

208 MO1，O；机器人移至位置 1

210 GC；闭合手爪，抓紧工件

212 MA1，50，C；抓紧工件，机器人移至位置 1 上方（Z 方向）20mm

214 IC11；货盘 1 的纵向计数器按 1 递增

216 CP11；将计数器 11 的值放入内部比较寄存器

218　　EQ13，230；如计数器的值等于 13，程序跳转至 230 执行
220　　RT；结束子程序
230　　SC11，1；初始化计数器 11
232　　IC12；货盘 1 的横向计数器按 1 递增
234　　RT；结束子程序

④ 工件检测子程序。

300　　SP7；设置速度为 7 级，较快
302　　MT30，－50，C；机器人移至检测设备前 50mm 处
304　　SP2；减为 2 级速度
306　　MO30，C；机器人将工件装在检测设备上
308　　ID；取输入数据
310　　TB-7，308；机器人等待工件检测完毕
312　　MT30，－50，C；机器人移至检测设备前 50mm 处
314　　RT；结束子程序

⑤ 向货盘 2（图 6-4）放置已检测完的工件子程序。

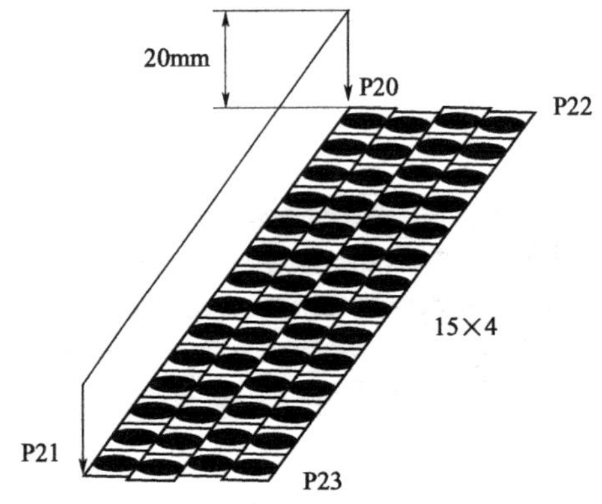

图 6-4　货盘 2

400　　SP7；设置速度为 7 级，较快
402　　PT2；定义货盘 2 上所计光栅数的坐标为位置 2
404　　MA2，50，C；机器人移至位置 2 正上方的一个位置
406　　SP2；设置速度为 2 级，较慢
408　　MO2，C；机器人移至位置 2
410　　GO；打开手爪，释放工件
412　　MA2，50，C；机器人移至位置 2 正上方 20mm 处
414　　IC21；货盘 2 的纵向计数器按 1 递增
416　　CP21；将计数器 21 的值放入内部比较寄存器
418　　EQ16，430；如果计数器的值等于 16，程序跳转至 430 执行

```
420    RT；结束子程序
430    SC21，1；初始化计数器 21
432    IC22；货盘 2 的横向计数器按 1 递增
434    RT；结束子程序
```

(5) 按功能块调试修改程序

三菱装配机器人配置的编程软件可实现机器人动作的模拟过程，编写完程序后，先用软件进行模拟，确认动作顺序正确后，再下载到机器人的控制器中。

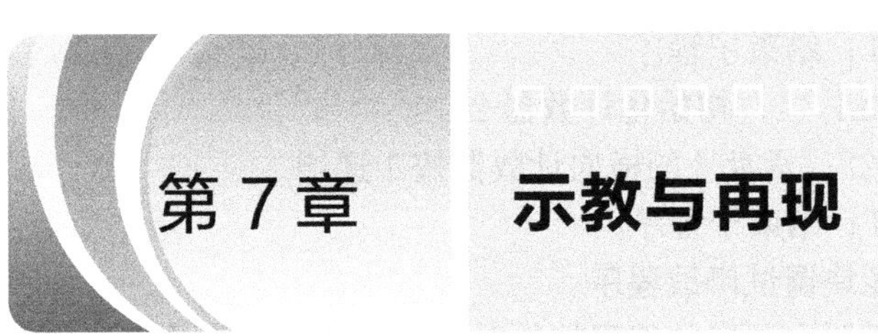

第7章 示教与再现

7.1 示教再现原理

7.1.1 示教再现定义

用机器人代替人进行作业时，必须预先对机器人发出指示，规定机器人应该完成的动作和作业的具体内容。这个过程就称为对机器人的示教或对机器人的编程。对机器人的示教有不同的方法，要想让机器人实现人们所期望的动作，就必须赋予机器人各种信息。先是机器人动作顺序的信息及外部设备的协调信息；其次是与机器人工作时的附加条件信息；再次是机器人的位置和姿态信息。前两个方面很大程度上与机器人要完成的工作以及相关的工艺要求有关，位置和姿态的示教通常是机器人示教的重点。

示教是一种机器人的编程方法，示教分为三个步骤：①示教；②存储；③再现。

“示教”就是机器人学习的过程，在这个过程中，操作者要手把手教会机器人做某些动作。

“存储”就是机器人的控制系统以程序的形式将示教的动作记忆下来。

“再现”就是机器人按照示教时记忆下来的程序展现这些动作和过程。

7.1.2 示教的分类

目前机器人位姿的示教大致有两种方式：直接示教和离线示教，而随着计算机虚拟现实技术的快速发展，出现了虚拟示教编程系统。位姿示教框图见图 7-1。

(1) 直接示教

所谓直接示教，就是我们通常所说的手把手示教，由人直接搬动机器人的手臂对机器人进行示教，如示教盒示教或操作杆示教等。在这种示教中，为了示教方便以及获取的信息快捷而准确，操作者可以选择在不同坐标系下示教，例如，可以选择在关节坐标系、直角坐标系以及工具坐标系或用户坐标系下进行示教。

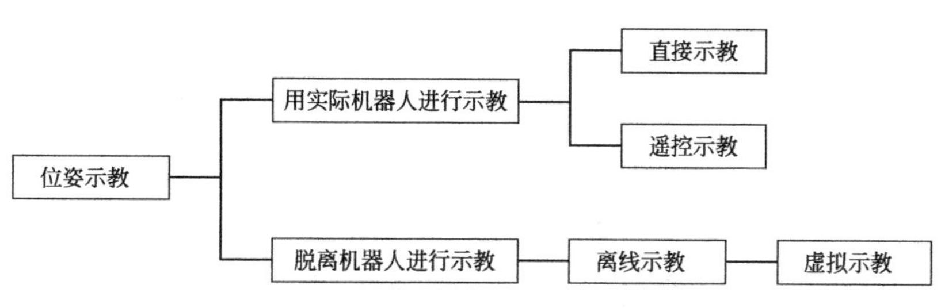

图 7-1 位姿示教框图

(2) 离线示教

离线示教与直接示教不同，操作者不对实际作业的机器人直接进行示教，而是脱离实际作业环境生成示教数据，间接地对机器人进行示教。在离线示教法（离线编程）中，通过使用计算机内存储的机器人模型（CAD模型），不要求机器人实际产生运动，便能在示教结果的基础上对机器人的运动进行仿真，从而确定示教内容是否恰当及机器人是否按人们期望的方式运动。

(3) 虚拟示教编程

直接示教面向作业环境，相对来说比较简单直接，适用于批量生产场合，而离线编程则充分利用计算机图形学的研究成果，建立机器人及其环境物模型，然后利用计算机可视化编程语言 Visual C++（或 Visual Basic）进行作业离线规划、仿真，但是它在作业描述上不能简单直接，对使用者来说要求较高。而虚拟示教编程充分利用了上述两种示教方法的优点，也就是借助于虚拟现实系统中的人机交互装置（例如数据手套、游戏操纵杆、力觉笔杆等）操作计算机屏幕上的虚拟机器人动作，利用应用程序界面记录示教点位姿、动作指令并生成作业文件（3. JB I），最后下载到机器人控制器后，完成机器人的示教。

7.2 示教再现操作方法

7.2.1 示教系统的组成

本系统主要由六自由度机械手（SV3X）、机器人控制柜（XRC）、示教盒、上位计算机和输入装置组成。控制柜与机械手、微机、示教盒间均通过电缆连接，输入装置（游戏操纵杆）连接到了微机的并行端口 LPT（或声卡接口）上，如图 7-2 所示。

7.2.2 示教再现操作

(1) 接通主电源

把控制柜侧板上的主电源开关扳转到接通（ON）的位置，此时主电源接

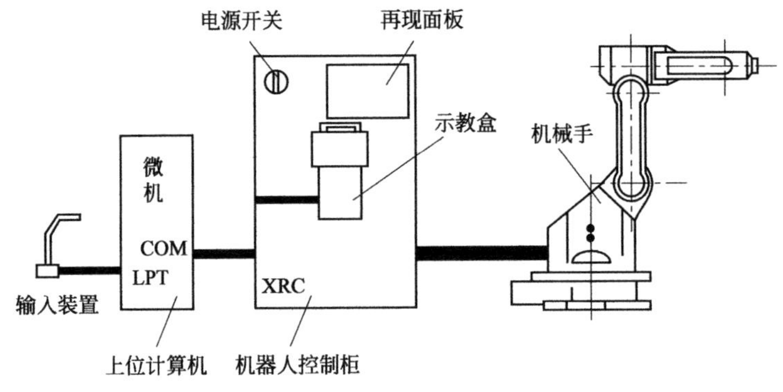

图 7-2　MO TOMAN 机器人示教系统的组成

通，接下来按下控制柜面板上的绿色启动按钮，则进行初始化操作，并进入WinCE 系统。

(2) 接通伺服电源

伺服电源需要在进入机器人控制程序后通过软件开启。进入机器人控制软件，软件打开后系统会自动上伺服。六自由度机器人控制系统界面如图 7-3 所示。

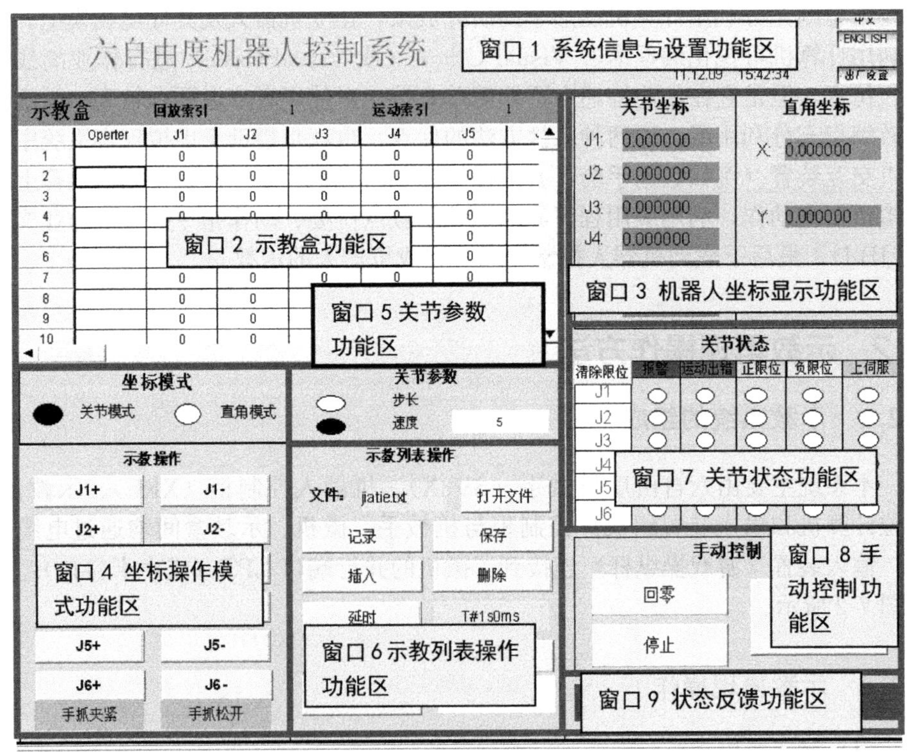

图 7-3　六自由度机器人控制系统界面

(3) 创建示教文件

点击示教列表操作区的“文件”后面的编辑框，在屏幕软件盘上，输入一个未曾示教过的文件名称，如图 7-4 所示。

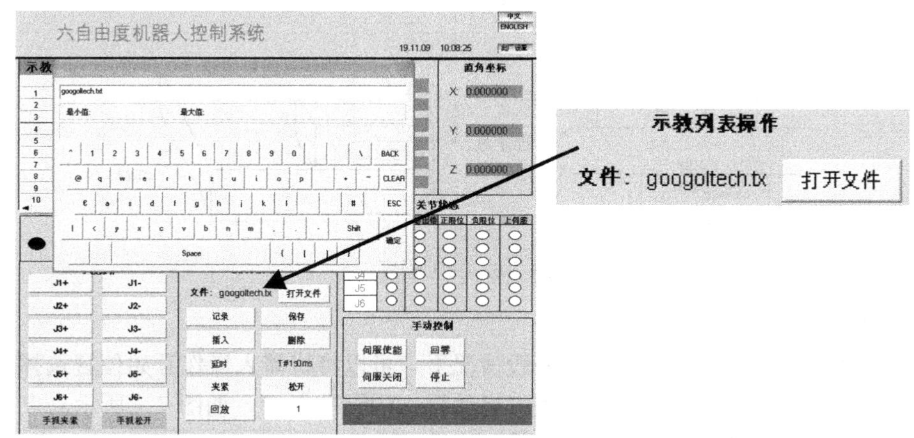

图 7-4　创建示教文件

此时示教盒功能区会显示一个未曾被记录的空文件命令列表。其中 Operater 是机器人运动语言的助记符，坐标操作模式如图 7-5 所示。有如下几个类型：

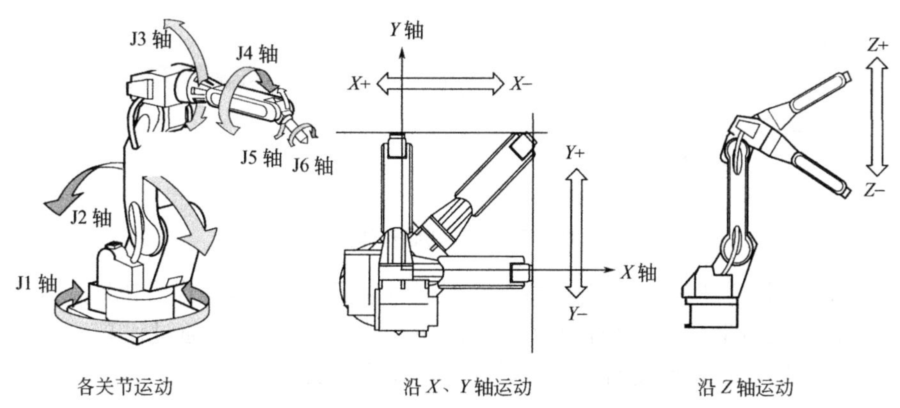

图 7-5　坐标操作模式

JMOVE：表示机器人运动到该点时是通过关节运动实现的；

SMOVE：表示机器人运动到该点时是通过直角坐标运动实现的；

Delay：表示机器人执行此条语句时，需要延时与“Delay”值相同的时间。

注意：在进行同一条语句的示教过程中，不能切换坐标系。

(4) 示教点的设置

现在我们来为机器人输入如图 7-6 所示的从工件 A 点到 B 点的加工程序，

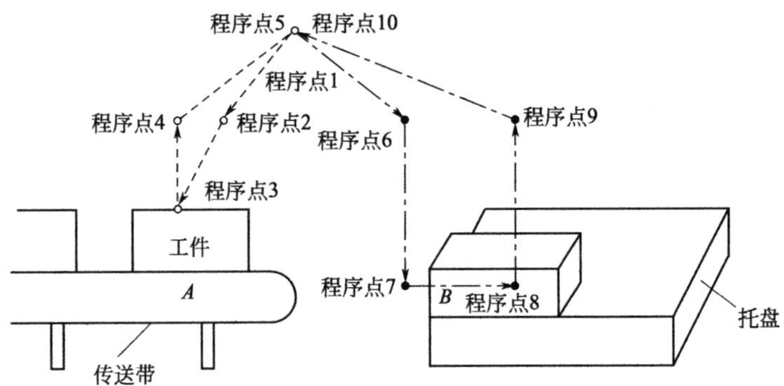

图 7-6 加工程序

此程序由 10 个程序点组成。

① 程序点 1——开始位置 一般情况下，可以将机器人操作开始位置选择在机器人的“回零”位置，也就是程序启动后，伺服准备好，如图 7-7 所示。点击“手动控制”功能区的“回零”按钮。

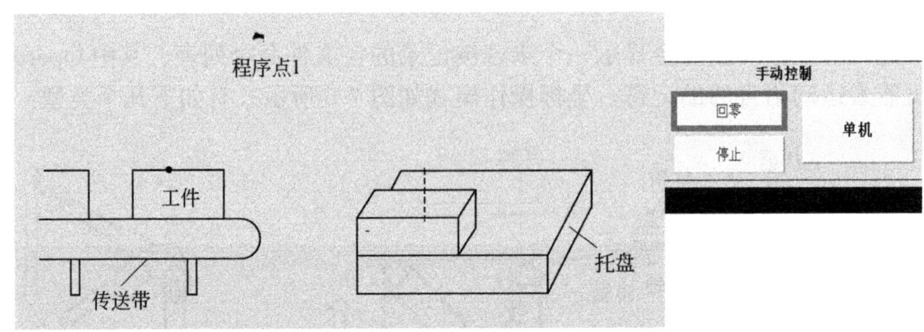

图 7-7 示教初始位置点

点击“回零”按钮，确保机器人回零就绪，记录此位置。设置机器人运行速度。不论在关节坐标系还是在直角坐标系模式下面，均可以通过设置“关节参数”功能区的步长及速度指令进行运行步长和速度设置，如图 7-8 所示。

图 7-8 不同坐标系下的速度设置

用轴操作键把机器人移动到开始位置，开始位置请设置在安全并适合作业准备的位置，如图 7-9 所示。

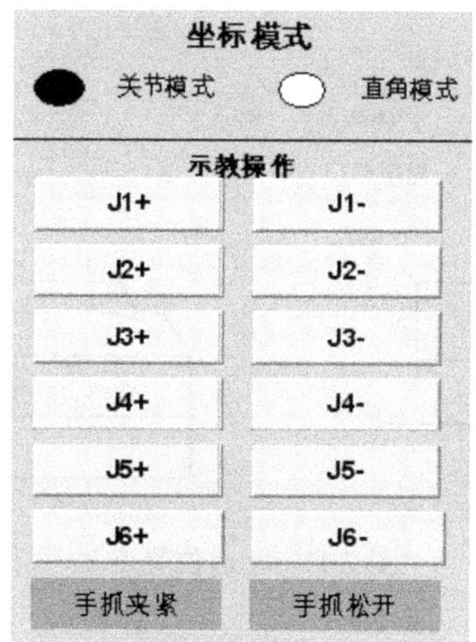

图 7-9 轴操作模式

点击“示教列表操作”区的“记录”按钮，记录该点，如图 7-10 所示。

图 7-10 记录运动路径节点

② 程序点 2——抓取位置附近（抓取前） 用轴操作键设置机器人可以抓取工件的姿态，必须选取机器人接近工件时不与工件发生干涉的方向、位置（通常在抓取位置的正上方），如图 7-11 所示。点击“示教列表操作”区的“记录”按钮，记录该点。

③ 程序点 3——抓取位置 设置操作模式为直角坐标系，设置运行速度为较低速度；保持程序点 2 的姿态不变，用轴操作键将机器人移动到夹取点 3 位置；点击“夹紧”，抓取工件。如图 7-12 所示。点击“示教列表操作”区的“记录”按钮，记录该点。

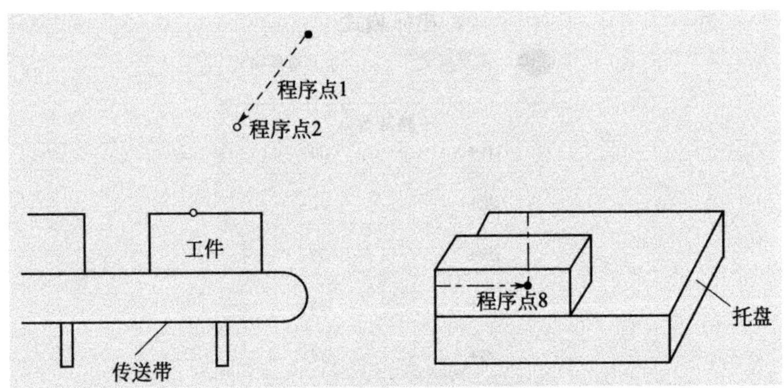

图 7-11　示教位置点 2

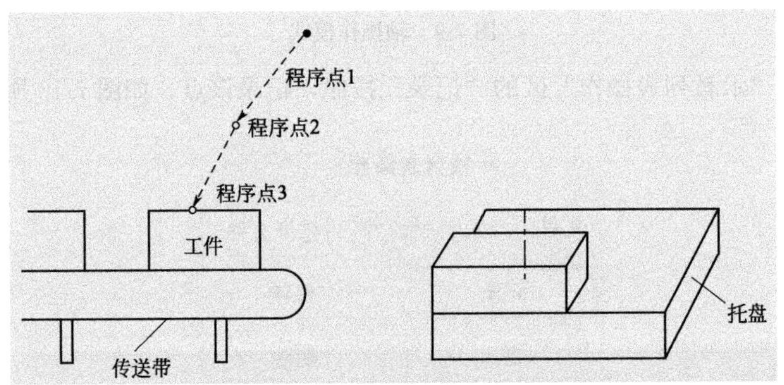

图 7-12　示教位置点 3

④ 程序点 4——抓取位置附近（抓取后的退让位置）　用轴操作键把抓住工件的机器人移到抓取位置附近。移动时，选择与周边设备和工具不发生干涉的方向、位置（通常在抓取位置的正上方，和程序点 2 在同一位置也可），如图 7-13 所示。点击“示教列表操作”区的“记录”按钮，记录该点。

⑤ 程序点 5——同程序点 1　点击“回零”按钮，并记录回零位置。如图 7-14 所示。

⑥ 程序点 6——放置位置附近（放置前）　用轴操作键设定机器人能够放置工件的姿态。在机器人接近工作台时，要选择把持的工件和堆积的工件不干涉的场所，并决定位置（通常在放置辅助位置的正上方）。如图 7-15 所示。点击“示教列表操作”区的“记录”按钮，记录该点。

⑦ 程序点 7——放置辅助位置　从程序点 6 直接移到放置位置，已经放置的工件和夹持着的工件可能发生干涉，这时为了避开干涉，要用轴操作键设定一个辅助位置，姿态和程序点 6 相同。如图 7-16 所示。点击“示教列表操作”区的

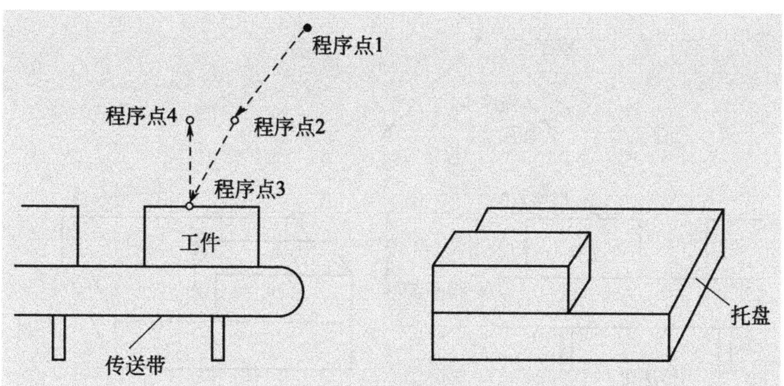

图 7-13　示教位置点 4

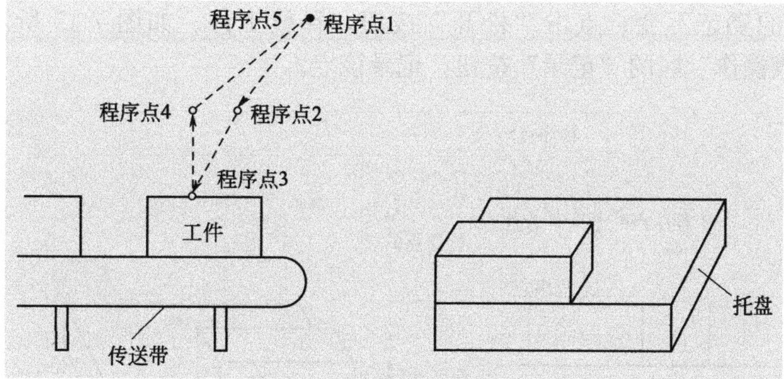

图 7-14　示教位置点 5

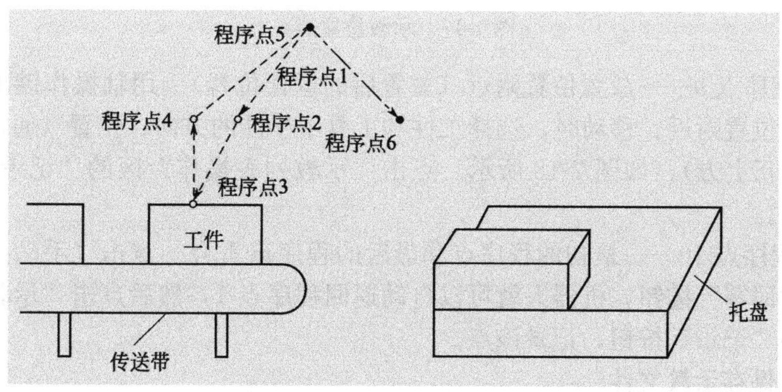

图 7-15　示教位置点 6

“记录”按钮，记录该点。

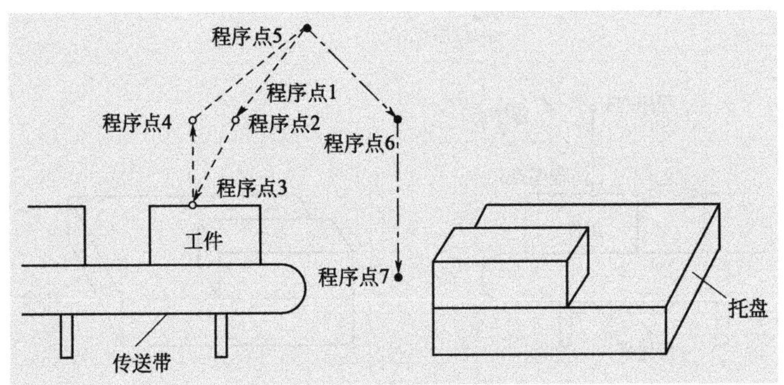

图 7-16　示教位置点 7

⑧ 程序点 8——放置位置　用轴操作键把机器人移到放置位置，这时请保持程序点 7 的姿态不变。点击“松开”按钮，释放工件。如图 7-17 所示。点击“示教列表操作”区的“记录”按钮，记录该点。

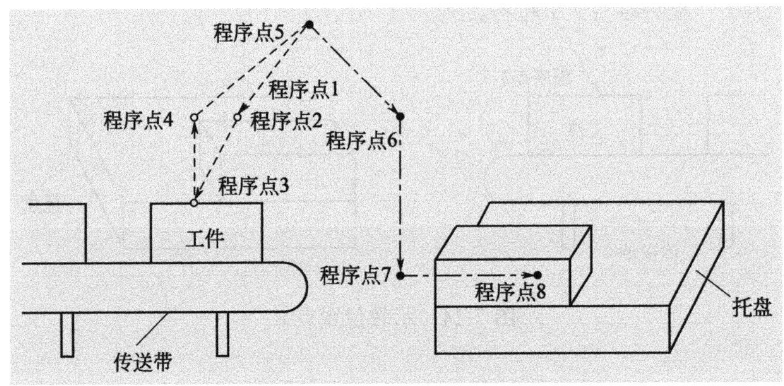

图 7-17　示教位置点 8

⑨ 程序点 9——放置位置附近（放置后的退让位置）　用轴操作键把机器人移到放置位置附近。移动时，选择工件和工具不干涉的方向、位置（通常是在放置位置的正上方）。如图 7-18 所示。点击“示教列表操作”区的“记录”按钮，记录该点。

⑩ 程序点 10——最初的程序点和最后的程序点重合　点击“手动操作”功能区的“回零”按钮，机器人就可以自动返回程序点 1，然后点击“示教列表操作”区的“记录”按钮，记录该点。

(5) 保存示教文件

点击“示教列表操作”功能区的“保存”按钮，保存当前文件，如图 7-19 所示。

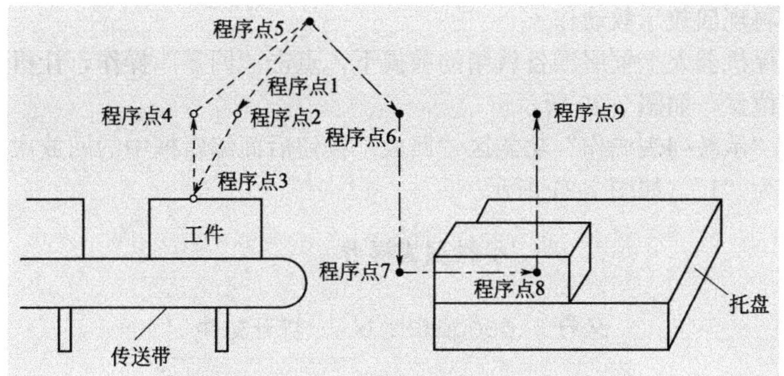

图 7-18　示教位置点 9

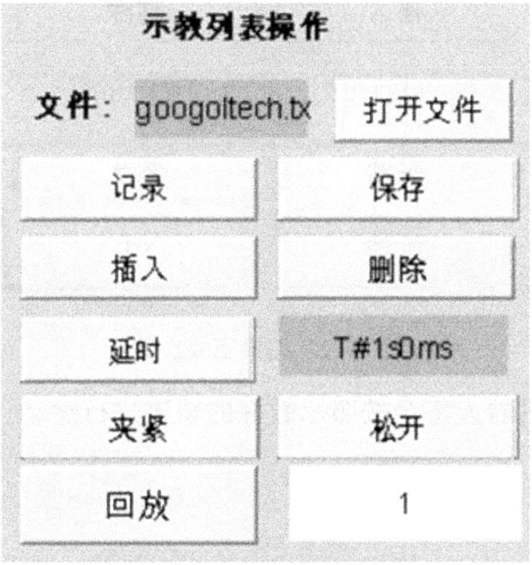

示教列表操作

文件：googoltech.tx	打开文件
记录	保存
插入	删除
延时	T#1s0ms
夹紧	松开
回放	1

图 7-19　保存示教文件

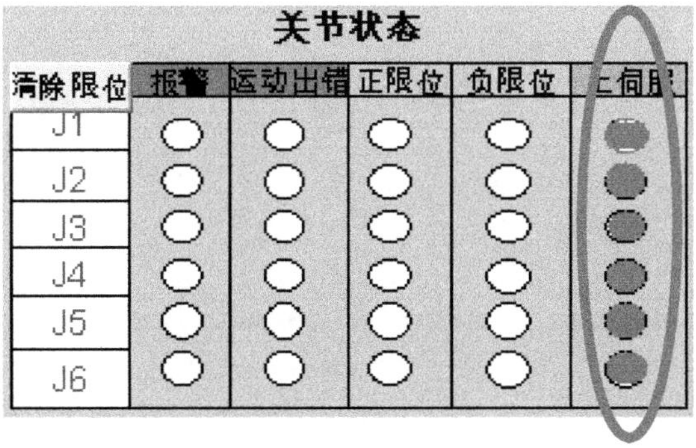

关节状态

清除限位	报警	运动出错	正限位	负限位	上伺服
J1					
J2					
J3					
J4					
J5					
J6					

图 7-20　系统上伺服标识

（6）再现回放示教动作

在确保机器人上伺服准备就绪的前提下，点击“回零”操作，让机器人回到程序点 1 位置，如图 7-20 所示。

编辑“示教列表操作”功能区“回放”按钮后面编辑框中的回放次数，初次示教修改为“1”，如图 7-21 所示。

图 7-21　编辑回放次数

点击“回放”，机器人将会按照示教好的轨迹进行运动。

第 8 章　典型工业机器人设计实例

8.1 喷涂机器人

8.1.1 喷涂机器人的结构

喷涂机器人本体的机械结构主要参数列于表 8-1。

表 8-1　喷漆机器人机械结构参数

项目	参数
结构形式	大多为关节型机器人，少量为直角坐标型及圆柱坐标型，近几年门式机器人有所发展
轴数	以 5～6 轴为多，少量 1 轴、2 轴、3 轴、4 轴、7 轴、9 轴
负载	以 50N 左右居多，范围 10～5000N
速度	一般 1～2m/s，最高达 2.5m/s
重复度	一般±2mm
驱动方式	以电液伺服驱动为多。少量气动和步进电动机驱动，当前主要采用 AC 伺服驱动

电液伺服驱动机器人的构成见图 8-1。其中回转机构、大臂、小臂和腕部每个轴均由电液伺服控制，并带有独立油源，以实现机器人的驱动。

① 回转机构主要由回转支座和伺服机构组成。

② 大臂机构主要由立臂、伺服机构、直线液压缸和平衡机构组成。

③ 小臂机构主要由横臂、伺服机构、直线液压缸和平衡机构组成。

④ 腕部机构一般有两种形式：一种是挠性手腕，由两个伺服机构的直线缸和一个伺服机构的摆动缸实现±90°两个摆动和绕轴线转动；另一种是摆动手腕，由两个摆动缸或者三个摆动缸组成，分别实现二轴或三轴运动，其回转角度小于 240°。

⑤ 电液伺服系统由泵、溢流阀、电磁换向阀、单向节流阀、蓄能器、液控换向阀、滤油器、伺服阀和短路阀等器件组成，用来驱动和控制三个直线缸和两个摆动缸，可根据需要增减控制液压缸的数量。

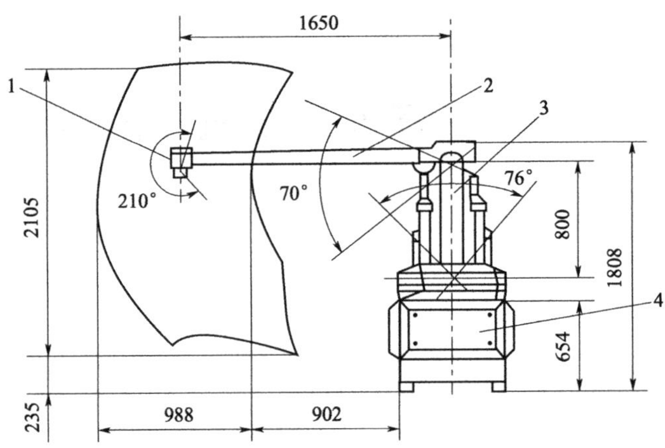

图 8-1　电液伺服驱动机器人构成

1—腕部；2—小臂；3—大臂；4—回转机构

8.1.2　喷涂机器人控制系统

8.1.2.1　控制系统功能

控制系统是机器人的关键部分，机器人整体功能的实现在很大程度上都依赖于控制系统的功能。分析喷涂机器人的工作任务，总结出喷涂机器人控制系统应具备以下功能：

(1) 机器人运动控制功能

控制机器人各关节的启动/停止和正转/反转、喷枪阀的启/闭，使机器人的各个关节能协调地工作。

(2) 喷枪速度控制功能

能对机器人末端喷枪的行走速度进行调节，并采取一定的措施保证其运动速度的稳定性。

(3) 机器人系统供电控制功能

对喷涂机器人的供电进行控制，在面板上显示电源供电状态。制动器需加单独的供电控制以方便安装调试。

(4) 电机超速报警及处理功能

选用合适的增量编码器采集各关节的转动角度信号，当采集到的转动速度超过设定的最大速度时，做停机处理并给出警告信号，以防事故的发生。

(5) 人机交互功能

通过 LCD 触摸屏提供用户操作接口（按键和显示），能让用户方便地了解系统状态和设定喷涂机器人的工作方式。

(6) 机器人安全防护功能

为了防止控制系统出现故障时致使机构损坏，需在机械限位前加光电限位开关，当检测到异常信号后，做停机处理并给出警告信号，以防事故的发生。

8.1.2.2 控制系统结构

从喷涂机器人控制系统需实现的功能可以看出，该系统应具有前向通道（传感器）、后向通道（电机及喷枪阀等的控制）、数据运算处理部分（决定控制时机和方式）及人机界面，是一个闭环控制系统。由于 PC104 嵌入式系统的运算处理功能强、可靠性高、体积小、调试方便，且成本低，因此采用 PC104 作为控制系统的主机。另外，采用运动控制卡对喷涂机器人的各关节进行运动控制。这样，整个控制系统可划分为 PC104 嵌入式主板模块、执行机构驱动电路、传感器、电源和控制面板几部分，控制系统的总体结构框图如图 8-2 所示。

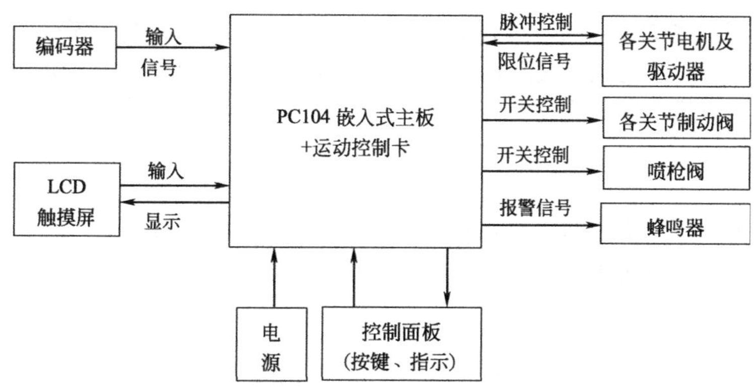

图 8-2 喷涂机器人控制系统结构框图

(1) 控制系统硬件设计

喷涂机器人控制系统 PC104 模块选用研华 PCM-3343F，其主要特点为：采用高性能低功耗 CPU 模块，CPU 速度 1.0GHz，带有浮点运算单元，在板集成了 256MB 内存（最大可支持 512MB）、显示控制器（支持 LCD 显示）、以太网控制器等。运动控制卡选用国产众为兴的 ADT-836 运动控制卡，该运动控制卡是基于 PC104 总线的高性能六轴伺服/步进运动控制卡。其速度控制有多种方式，如对称、非对称直线加/减速，S 曲线加减速。在运动过程中可实时改变速度和目标位置，可使用连续插补功能实现高速高精度轨迹控制。

(2) 驱动方式

步进电机驱动可直接实现数字控制，控制结构简单，控制性能好，而且成本低廉，适用于传动功率不大的关节或小型机器人。考虑到本喷涂机器人的实际使用范围和成本因素，决定选用步进电机加行星减速器作为机构驱动部件。

① 各关节最大负载转矩计算　腰关节电机主要带动整个机械臂做水平旋转

运动，当大臂、小臂及手腕均处于水平工况时，腰关节转动轴处的转动惯量J_Z最大。此时的腰关节转动惯量计算示意图如图 8-3 所示。

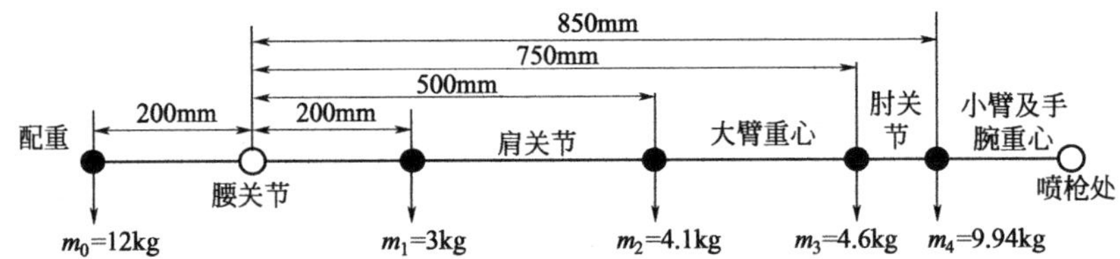

图 8-3　腰关节转动惯量计算示意图

此时算得的腰关节最大转动惯量为：

$$J_Z=m_0l_0^2+m_1l_1^2+m_2l_2^2+m_3l_3^2+m_4l_4^2=11.39\text{kg}\cdot\text{m}^2 \tag{8-1}$$

考虑到该关节处使用行星减速器传动，选定的传动比 $i=30$，传动效率 $\eta=90\%$，取安全系数 $K=2$，选择北京阿沃德公司生产的型号为 SM257-8OH 的 MOTEC 两相步进电机，其静转矩 $T=2\text{N}\cdot\text{m}$。则由公式 $T\times i\times\eta=2\times J_Z\times\alpha$ 可算得腰关节最小角加速度为：

$$\alpha=\frac{T\times i\times\eta}{J_Z\times 2}=2.37\text{rad/s}^2=136°/\text{s}^2 \tag{8-2}$$

肩关节电机主要带动大臂做俯仰动作，当大臂、小臂及手腕均处于水平工况时，该关节的负载转矩最大，此时的负载转矩计算示意图如图 8-4 所示。

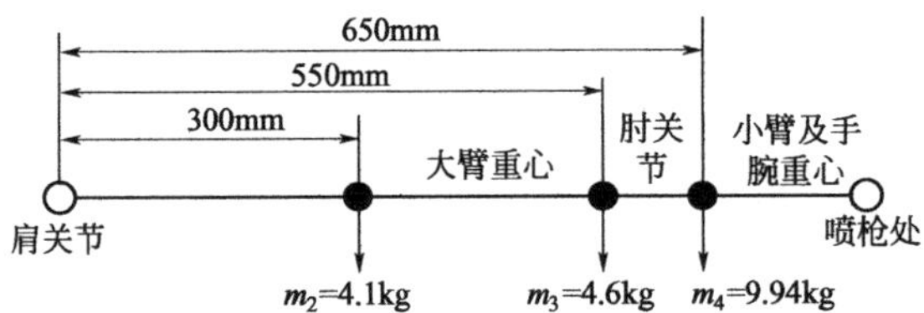

图 8-4　肩关节最大负载转矩计算示意图

肩关节处的最大负载转矩 M 为：

$$M=m_2gl'_2+m_3gl'_3+m_4gl'_4=100.46\text{N}\cdot\text{m} \tag{8-3}$$

则该关节驱动装置需要输出的最大负载转矩为：

$$T=KM=2\times 100.46=200.92\text{N}\cdot\text{m} \tag{8-4}$$

其他几个关节的最大负载转矩计算方法与肩关节相同。

② 各关节电机参数计算　由算得的各关节的最大负载转矩来选择各关节驱动装置的传动比和电机的最大输出转矩。机器人传动系统设计的基本准则是在满足机器人本体技术参数要求的前提下，满足传动比大、体积小、重量轻、惯量小等要求。在选型计算中需用到的计算公式有：

a. 所需电机最高转速计算公式为：

电机转速(r/min)=关节转速[(°)/s]×传动比/6

b. 所需电机最大转矩计算公式为：

电机转矩(N·m)=关节转矩/(传动比×传动效率)

c. 所需电机最大功率计算公式为：

电机功率(W)=电机转矩×电机转速×2π/60

各关节驱动装置相关参数计算结果如表 8-2 所示。

表 8-2　各关节电机参数计算结果

关节名称	最小转速/[(°)/s]	最大转速/[(°)/s]	总传动比	最大转矩/N·m	电机最低速度/(r/min)	电机最高速度/(r/min)	电机最大转矩(η=0.9)/N·m	电机最大功率/W
腰关节	5	90	30	54.00	25.00	450	2.00	94.25
肩关节	5	60	50	100.92	41.67	500	4.46	233.78
肘关节	5	120	25	20.07	20.83	500	0.89	46.7
腕关节	10	240	8	2.36	13.33	320	0.33	10.96
腕俯仰	10	240	8	2.36	13.33	320	0.33	10.96

(3) 硬件模块电路设计

本喷涂机器人控制系统硬件电路使用了多个开关电源分别对控制板、失电制动器和驱动电机供电。采用北京阿沃德公司生产的型号为 SM253 的步进系统，其运动控制卡产生脉冲和方向信号控制各关节电机驱动器。

由于工业机器人工作环境较为复杂，因此供电安全非常重要，需要在电源输入端加电源开关控制电路。

电源输入端开关控制电路如图 8-5 所示。电路中使用了漏电保护开关、继电器、启动和停止按键。通过该电源开关控制电路，可以安全、快速地进行开关控

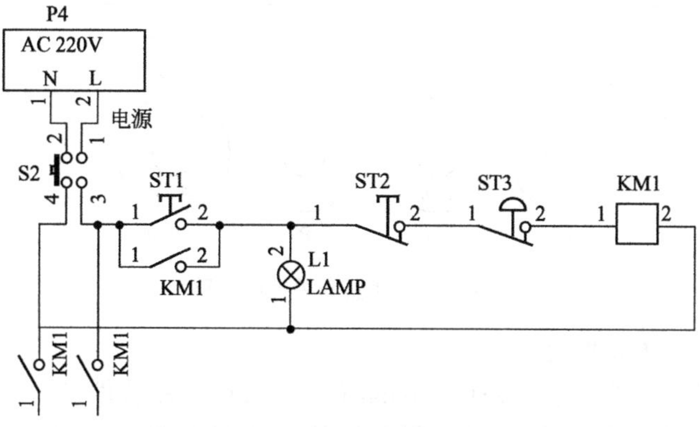

图 8-5　电源输入端开关控制电路图

制。运动控制卡与电机驱动器及两相步进电机的接线如图 8-6 所示。考虑安全因素，本喷涂机器人使用了失电制动器。由于使用失电制动器使得在不供电时机器人各关节都不能转动，这给机构安装调试带来了不便。因此，需设计一路只给失电制动器供电而不给系统其他部件供电的电源开关控制电路。设计的制动器开关控制电路如图 8-7 所示。

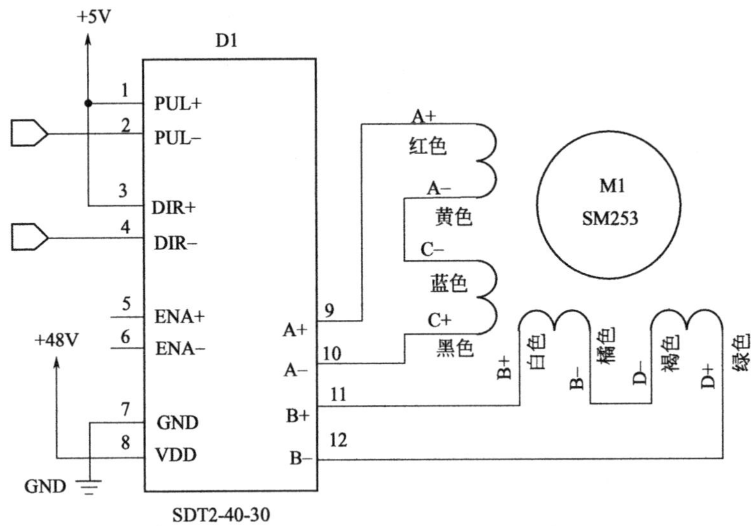

图 8-6　电机驱动器连接电路图

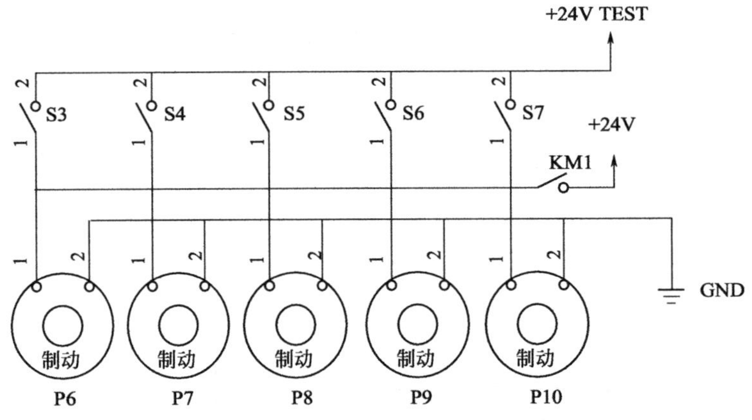

图 8-7　制动器开关控制电路

(4) 控制系统软件设计

本喷涂机器人控制系统采用 Visual C++6.0 开发软件进行开发，在 Windows XP 操作系统下运行。该控制系统的控制过程如下：启动—自动寻找零点—设定编码器零位—设定工作模式—运算处理—控制和状态信号输出—编码器输出信号—反馈控制。

喷涂机器人主程序主要包括初始化模块、手动调节模块、喷涂模块和复位模块，主程序结构框图如图 8-8 所示。手动调节模块主要包括单关节转动子程序和控制前进后退、上下移动、左右移动的多轴联动子程序，用于检测喷涂机器人各关节运动是否正常。喷涂模块由示教子程序、文件编辑子程序和喷涂控制子程序

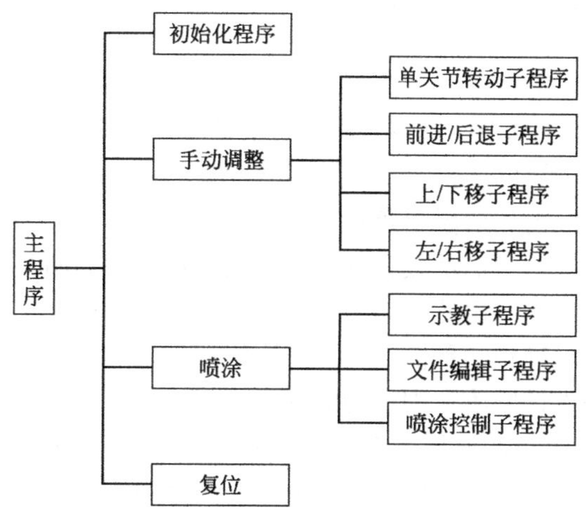

图 8-8　喷涂机器人主程序结构框图

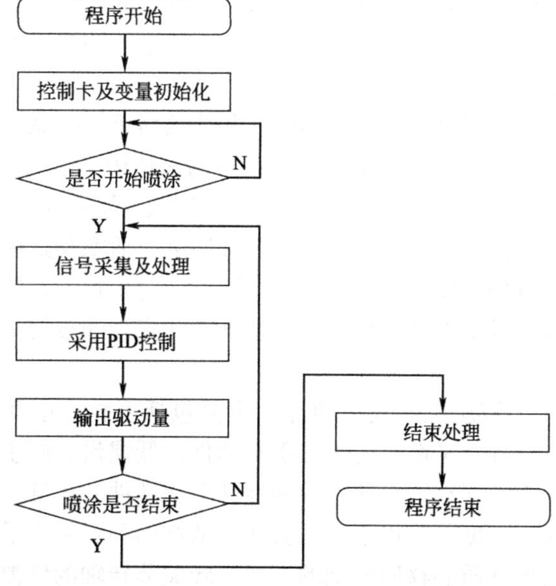

图 8-9　喷涂运动控制程序流程图

组成。示教和文件编辑子程序用于生成和修改轨迹文件，喷涂控制子程序用于自动喷涂作业。喷涂运动控制程序流程图如图 8-9 所示。

8.1.3 直接示教轻动化

示教轻动化在连续导引示教喷涂机器人中有特别的重要性，可使机器人获得平滑、准确和匀速的运动轨迹，既可以满足工艺要求，又可保证机器人可靠地进行工作。

(1) 示教轻动化的概念

示教轻动化是指手动牵引机器人末端示教时，机器人机构逆传动的实际效率及省力程度。它是以人手牵引机器人末端，引导机器人运动的牵引力的大小来描述的。

(2) 影响示教轻动化的因素及解决途径

对于机器人来说，影响示教轻动化的因素，可归纳为两类：一是逆传动的效率，二是机构的轻量化。由此可知实现示教轻动化的途径有：减小各运动部件的质量和惯量；设计出理想的平衡机构；解决机器人机构逆传动效率。减小部件的质量及降低惯量是设计紧凑合理机构的基础。

① 平衡机构　大负载机器人多采用气缸平衡，小负载机器人则多采用弹簧机构平衡，个别机型也有采用伺服气缸来平衡负载力矩的。一些机器人也采用全方位平衡技术，以达到最佳平衡效果。

② 逆传动的效率　在普通机械传动中，机械传动效率取决于各运动副的材料、表面粗糙度、相对运动副的结合状态及其传动链的长短等。对减速比大的机构，其逆传动效率往往很低，甚至自锁。这也正是电传动机器人难以获得理想示教轻动化的直接原因。

液压驱动的机器人与电动机器人不同。其传动属于直接驱动，机构的效率主要反映在各驱动件的摩擦力、各驱动件管路中的液体阻力和各铰链的摩擦力矩。这三种阻力中，铰链机构采用滚动轴承，其摩擦力矩很小。所以，其阻力主要来自前两种。驱动件主要是直线液压缸和摆动液压缸。活塞和缸体间用分离活塞或者用间隙密封和压力平衡槽可使摩擦力明显降低。对于长管路的液体阻力，可在缸体旁采用短路阀。对于差动液压缸的油量补偿和多余油量的排除，可采用特殊短路阀。

③ 低惯量设计　液压机器人运动部件主要包括手腕、小臂、大臂、腰关节转轴、三个直线液压缸及平衡机构等。手腕部件的低惯量，应主要从结构、材料着手，研制结构紧凑的摆动缸手腕部件和挠性手腕部件。小臂、大臂和三个直线缸的低惯量，在保证刚度的前提下，一方面应从结构和材料着手减小质量，另一方面应尽可能采用将其质心移回转轴的方式。腰关节转轴的低惯量，在保证刚度的前提下，应尽可能减小外形尺寸及质量。平衡机构的低惯量，主要从紧缩机构

考虑，尽可能采用把平衡机构设置在腰回转轴上等方法。

综上所述，解决示教轻动化，要从机械液压等方面进行系统分析，综合处理好相关的问题才能获得满意的结果。

8.1.4　应用实例

喷涂作业机器人的应用范围越来越广泛，除了在汽车、日用电器和仪表壳体的喷涂作业中大量采用机器人工作外，还在涂胶、铸型涂料、耐火饰面材料、陶瓷制品釉料、粉状涂料等作业中开展应用，现已在高层建筑墙壁的喷涂、船舷保护层的喷涂和炼焦炉内水泥喷射等作业开展了应用研究工作。例如汽车，已由车体外表面多机自动喷涂，发展到多机内表面的成线自动喷涂。如图 8-10 所示，喷涂机器人正在喷涂作业。

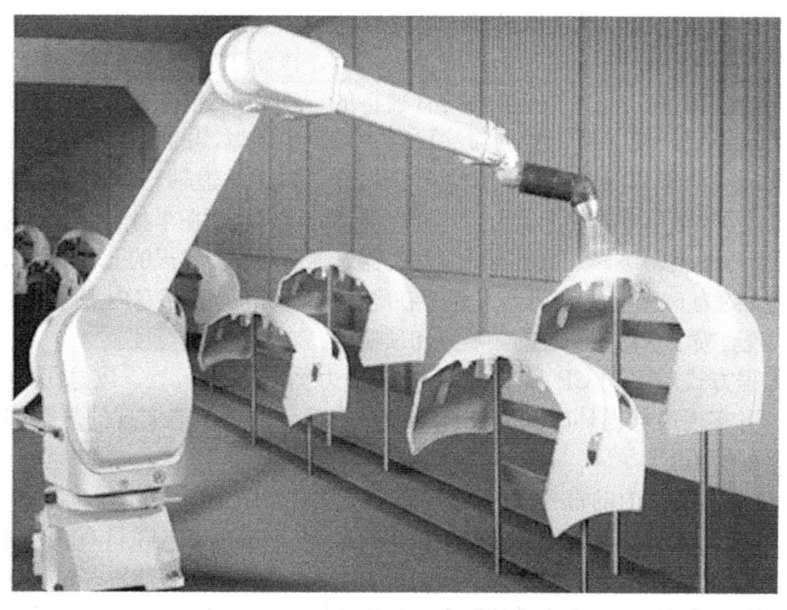

图 8-10　喷涂机器人正在喷涂作业

图 8-11 是东风汽车公司东风系列驾驶室多品种混流机器人系统喷涂线。它由 4 台 PJ-1B、2 台 PJ-1A 喷漆机器人、2 台 PM-111 顶喷机、1 台工件识别装置、1 台同步器、多台启动装置和总控制台等组成，并具有联锁保护、故障报警和自动记录喷涂工件数量等装置。由一台工业 PC 机为主构成的总控台，通过通信系统，对 6 台机器人、2 台顶喷机及相关终端进行群控，实现面漆喷涂自动作业。

ABB 在为喷涂机器人提高性能方面作出了重要贡献，特别是为高端汽车喷涂开发出高性能的 IRB5500 喷涂机器人，以及为低成本的消费类电子产品喷涂开发了小型的 IRB52 喷涂机器人。

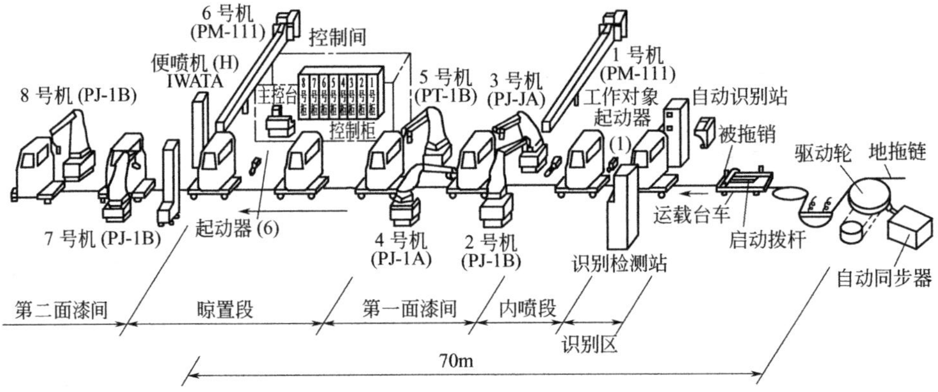

图 8-11　东风汽车公司东风系列驾驶室多品种混流机器人系统喷涂线

在汽车喷涂方面，最新的喷涂工艺可保持油漆雾化装置（即旋杯）在其最佳路径而尽可能减少非喷涂时间。对机器人而言，该新工艺则要求其具备高速度和高加速能力。IRB5500 喷涂机器人具有独特的运动和加速特性（$26m/s^2$），允许喷漆室更窄更短，使整个车身的喷涂可以在一个更加紧凑的喷漆室内进行，从而有效改善油漆流量和传递效率，并能省去喷漆室内的轨道轴。IRB5500 机器人一般安装在喷漆室墙壁中间的高度上，这样能够让机器人手臂在车身表面平行移动。安装在中间高度也使得维修人员更容易到达机器人维修部位。常规的七轴机器人需要喷漆室宽度大约为 5.5m，而该机器人能够在宽度为 4.6m 的喷漆室内工作。这样，它可以取代现有喷漆室内已安装的侧喷机和顶喷机，减小喷漆室宽度。

其编程方式用手动 CP 和 PTP 示教、动力伺服控制示教，以这三种形式结合编程，可实现最佳循环时间和连续喷涂手把手示教所不能实现的复杂型面。该线具有下列特点：

① 包括模块在内的每一个完整单元采用全集成化控制系统。

② 能喷车体所有部分，外部用专用设备，内部用机器人，具有柔性系统。

③ 有开启发动机罩、车门和行李箱盖的机器人，该机器人能跟踪输送链并与之同步。有的开门机器人具有光学传感系统的适应性手爪，以适应多工位开门的需要。

④ 所有机器人及开门机器人都装在移动的小车上。

⑤ 全线的控制功能。包括能控制多种机器人（开门机），机器人和开门机与输送链的同步，启动喷枪、换色、安全操作和人机通信等。

8.2　点焊机器人

8.2.1　点焊机器人的结构

点焊机器人要满足点焊工艺的要求，即：①焊钳要到达每个焊点。②焊接点的质量应达到要求。第一点意味着机器人应有足够的运动自由度和适当长的手臂，第二点要求机器人的焊钳所得的工作电流（对点焊来说是很大的）能安全可靠地到达机器人手臂端部，机器人焊钳的工作压力也要达到要求。对于前者，只要机器人空间可达性可以满足被焊件的焊点位置分布，就可以用于点焊机器人。对于后者，点焊焊钳和点焊电源（即点焊变压器）的形式起了主要作用，而其形式又对机器人的承载能力提出了不同的要求，见表 8-3。

表 8-3 点焊机器人及焊接系统分类

系统类型	分离式点焊机器人系统	内藏式点焊机器人系统	一体式点焊机器人系统
系统图示	功率变压器	二次电缆 点焊变压器	功率变压器
机器人载重要求(腕)	中	小	大
点焊电源功耗	大	大	小
机器人通用性	好	差	中
系统造价	高	中	低

点焊机器人所用的焊钳与点焊变压器若通过二次电缆相连，则点焊所需的10kA 以上的大电流不仅需要粗大的电缆线，而且需要用水冷却。所以，电缆一般较粗，且质量大。无论点焊变压器是装在机器人上还是在机器人的边上，对焊钳来说都要影响其运动的灵活性和范围。这样的点焊变压器为了补偿导线损耗又必须做得容量较大，使其能耗大，效率低。这种结构的优点是对机器人的承载能力要求低，20 世纪 80 年代，国际上开始在工业中采用一体式焊钳。这种焊钳既不影响机器人的运动灵活性和范围，还有能耗低、效率高的优点。但其对机器人的承载力要求比前者高，使机器人的造价较高。在引入点焊机器人时，应考虑以下几个问题：

① 焊点的位置及数量。

② 焊钳的结构形式。

③ 工件的焊接工艺要求，如焊接电流、焊点加压保持时间及压力等。

④ 机器人安放点与工件类型及工作时序间的关系。

⑤ 所需机器人的台数和机器人工作空间的安排。

点焊机器人的机械结构参数见表 8-4。图 8-12 为点焊机器人在进行焊接作业的画面。

表 8-4 点焊机器人机械结构参数

结构形式	大量是关节型，少量是直角坐标型、极坐标型和组合型，近年发展门式
轴数	大量是 6 轴，其余 1～10 轴不等，6 轴以上为附加轴
重复度	大多为±0.5mm，范围为±(0.1～1)mm
负载	大多为 600～1000N，范围为 5～2500N
速度	2m/s 左右
驱动方式	绝大多数为 AC 伺服，少量为 DC 伺服，极少量为电液伺服

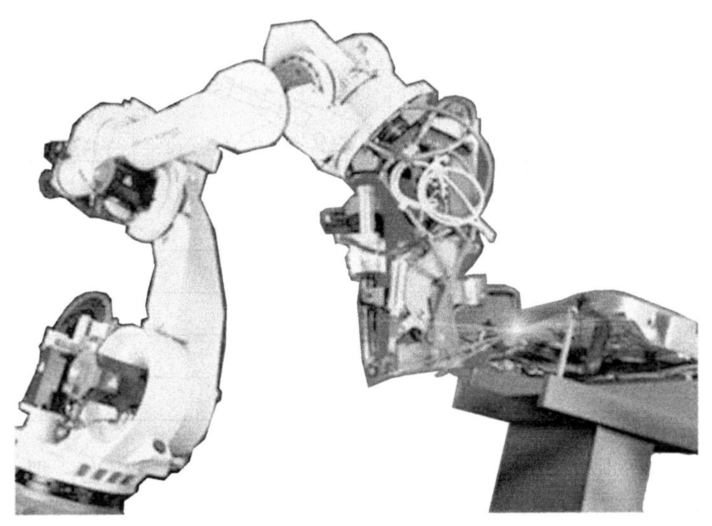

图 8-12 点焊机器人在进行焊接作业

8.2.2 点焊机器人控制系统

点焊机器人控制系统由控制器、人机界面、焊接机器人、电极研磨器、焊接控制器、操作台、夹具以及安全保护装置组成，如图 8-13 所示。

(1) 系统硬件设计

① 控制器 控制器选用 OMRON CSI PLC，具有快速的扫描时间，较大的 I/O 吞吐量，足够大的内部 RAM，中、大规模的程序存储容量和数据结构，支持 DEVICENET 总线技术通信，对二进制和浮点运算具有较高的处理能力。

② 焊接机器人 为了满足生产要求，点焊机器人选用关节式工业机器人，一般具有六个自由度：腰转、大臂转、小臂转、腕转、腕摆及腕捻。其驱动方式有液压驱动和电气驱动，其中电气驱动具有保养维修简单、能耗低、速度快、精度高、安全性好等优点。汽车点焊机器人要求动力强劲，结实可靠，焊枪定位精

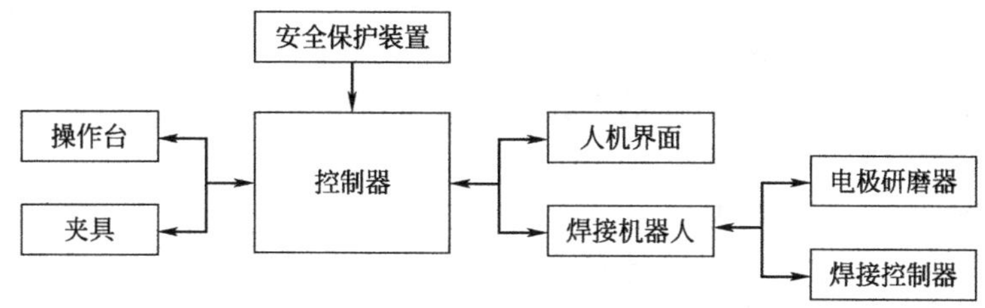

图 8-13　点焊机器人控制系统体系结构图

度在±0.4mm 以下。本系统选用 KUKAKR2000 机器人，具有最大负荷 200kg，焊枪定位精度为±0.1mm，工作稳定，运动速度快等特点，能够满足系统需求。

③ 焊接控制器　焊接控制器选用 Rexroth Bosch 焊接控制器，能够对电极压力（预压、加压、维持、休止）时间和电极电流（预热、焊接、热处理脉冲）时间进行任意编程，具有电极焊接计数、自动报警、提示修磨电极更换的功能。

④ 电极研磨器　电极研磨器选用 ORARA 的 V 型电极研磨器，具有防止上下电极的对中偏差，短时间内进行切削，低噪声的电动机加齿轮驱动，内置能减缓对焊枪和研磨器造成冲击的平衡器的特点。

⑤ 安全保护装置　为防止机器人作业时造成伤人事故，采用多重安全防护技术。安全防护包括急停控制回路和安全控制回路。常用的安全保护装置有安全光栅、安全锁、安全继电器、光电开关、安全地毯、安全激光扫描仪等。安全保护的设计采用双通道结构的安全回路，严重的安全信号能令机器人急停，较低的安全信号可令机器人暂停。

⑥ 夹具　在焊接过程中，合理的夹具结构有利于合理安排流水线生产，便于平衡工位，降低非生产用时。汽车焊接材料主要是薄钢板，刚性差、易变形。在结构上，焊接散件大多数是具有空间曲面的冲压成形件，形状和结构复杂。有些型腔很深的冲压件，除存在因刚性差而引起的变形外，还存在回弹变形。因此，在焊装过程中必须使用多点定位的专用焊装夹具，以保证部件整体的焊接精度。

(2) 系统软件设计

① 控制系统主程序的设计　点焊机器人控制系统经过一系列的初始化设备后，进入主循环。主循环主要是判断故障，处理操作台和人机界面，控制夹具、点焊机器人和焊接控制器。采用 OMRON 公司的软件包 CX-Programmer 软件，支持语句表（STL）、梯形图（LAD）和控制系统流程（CSF）。控制系统主程序包括：a. MAIN 子程序，负责操作台上的按钮、选择开关、急停开关等状态的读取，判定操作者在此操作台上设定的操作模式；b. DISPLAY 子程序，负责相关功能界面的选择，完成触摸屏的显示、触摸屏上对各设备的操作；c. JIG1 和 JIG2 子程序，负责夹具上接近开关、行程开关，气缸上磁性开关等状态的读取，完成夹具的时序控制；d. ROBOT 子程序，完成机器人初始化，实现机器人的

各种动作时序的控制以及机器人的状态报警等等；e. TIMER _ TIPDRESS 子程序，负责监视当前生产数，控制修磨时间以及电极更换。

② 操作台和人机界面程序的设计　控制系统的人机接口包括操作面板、触摸屏和机器人示教盒。在操作面板上，可实现系统运行方式的切换、作业程序号选择、故障复位、工件装夹、夹具调试、急停和系统状态显示等功能。触摸屏显示系统各部分的工作状态，并且完成一些手动操作、参数输入、报警信息查看等。示教盒完成机器人的示教编程及机器人工作状态参数的设置和显示。

③ 焊接机器人控制程序的设计　机器人动作控制和作业信号处理是焊接机器人的主要任务。机器人动作控制采用示教再现或离线编程法（OLP）实现。机器人对系统状态信号进行动态实时监控和响应，并且具有程序中断、断点数据自动记录和从断点恢复执行的功能。PLC 采用 DEVICENET 总线与 KUKA 机器人进行通信，控制机器人完成各个生产工艺。KUKA 机器人拥有 128 个中断，但同时运行的中断不能超过 32 个。中断用于异常情况或刹车等紧急情况，并且直至问题被排除才退出中断服务，回到程序继续执行。

④ 焊接控制器参数的设计　系统使用 BOSCH 6000 系列中频逆变焊接控制器。利用该控制器配置焊接过程的参数（包括预压延迟时间、预压时间、预热时间、预热热量、冷却时间 1、上升加热时间、上升加热热量、焊接时间、焊接热量、下降热量时间、下降热量结束值、冷却时间 2、冷却时间 3、回火时间、回火热量、保持时间以及休止时间）。控制器与焊接机器人进行通信，根据上面配置的焊接参数以及相应的焊接规范进行焊接，最终完成机器人的指令。表 8-5 为点焊机器人控制系统主要特征。

表 8-5　点焊机器人控制系统主要特征

控制器类型	RC20/41、MOTOROLA 68020(32 位)PLC 等
语言	SRCL 为多,其他有 INFORMT
示教方式	示教盒,离线编程
自诊断功能	一般都有
焊点	300 个左右

8. 2. 3　点焊机器人应用实例

这里介绍日本两家公司的应用实例：一个是 NA-CHI-FUJIKOSHI 公司的点焊机器人工作单元；另一个是川崎重工的点焊机器人生产线。

(1) 机器人工作单元

图 8-14 是这个机器人工作单元要完成的工件的焊点分布示意图。图 8-15 是这个单元的机器人所用的一体化焊钳。这个单元里所使用的机器人是载重量为 650N 以上的垂直多关节型工业机器人。

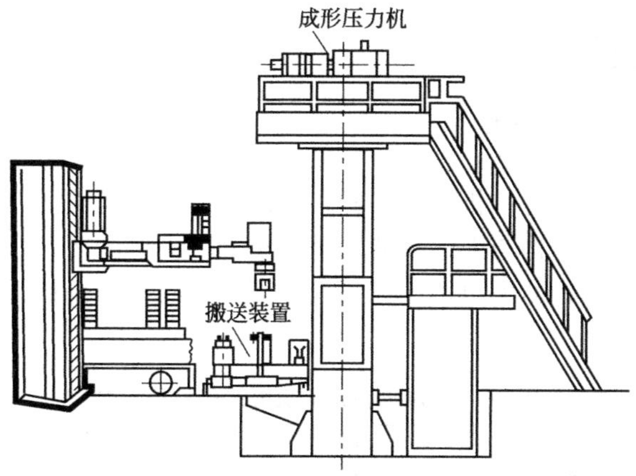

图 8-14　工件焊点分布示意图

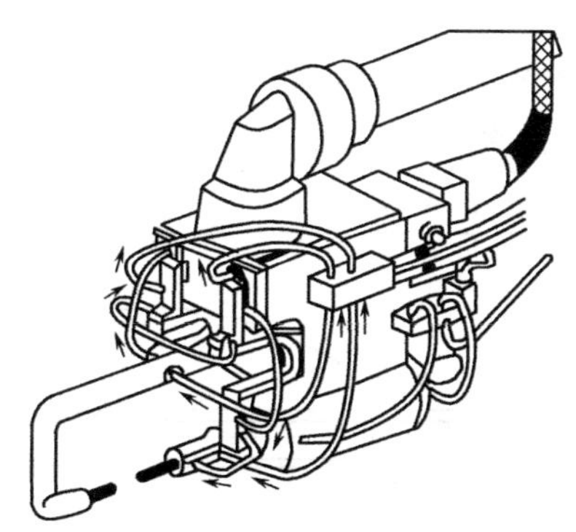

图 8-15　机器人所用的一体化焊钳

（2）机器人生产线

图 8-16 是这条点焊生产线要完成的汽车驾驶室焊点的分布图。图中数字为各区的焊点数。这条点焊生产线采用的是可使用内含式焊钳系统的极坐标型工业机器人。

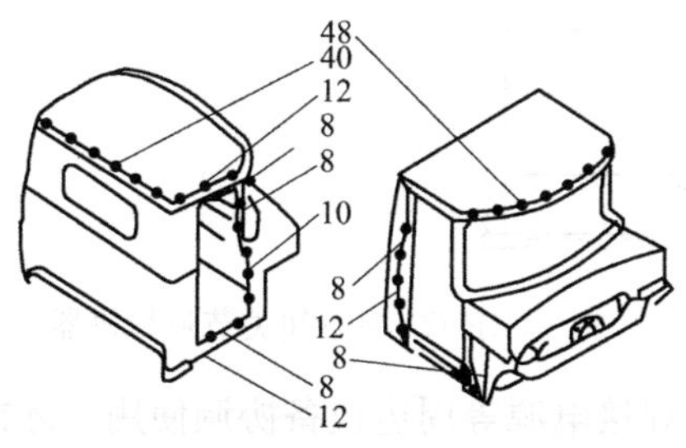

图 8-16　汽车驾驶室焊点的分布图

8.3 弧焊机器人

8.3.1 弧焊机器人的结构

与喷漆、搬运、点焊等机器人一样，弧焊机器人也是应用广泛的机器人类型之一。弧焊机器人的结构与上述机器人基本相似，主要的区别在于其末端执行器是焊枪。一些通用型机器人也可用于弧焊。弧焊机器人的机械结构主要特征列于表 8-6。

表 8-6　焊弧机器人的机械结构特征参数

结构形式	空间关节型(图 8-17),也有直角坐标型(图 8-18)。关节型适合于焊接直线、弧形等各种空间曲线焊缝。20 世纪 90 年代发展门式结构
轴数	一般 5 轴或 6 轴,最多达 12 轴(6 个附加轴)
重复度	±(0.1～0.2)mm 为多,在±(0.01～0.5)mm 范围
负载	50～150N 为多,范围为 25～25000N
速度	1m/s 左右居多,范围为 0.09～11.8m/s
驱动方式	DC 伺服,AC 伺服驱动

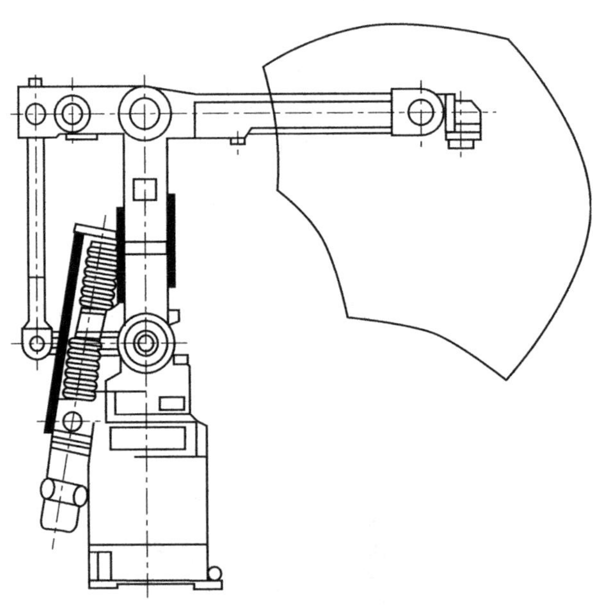

图 8-17　GJR-G1 型空间关节弧焊机器人

弧焊机器人必须和焊接电源等周边设备协调使用，才能获得理想的焊接质量和高的生产率。图 8-19 为由弧焊机器人与焊接设备、夹具、控制装置及附属设

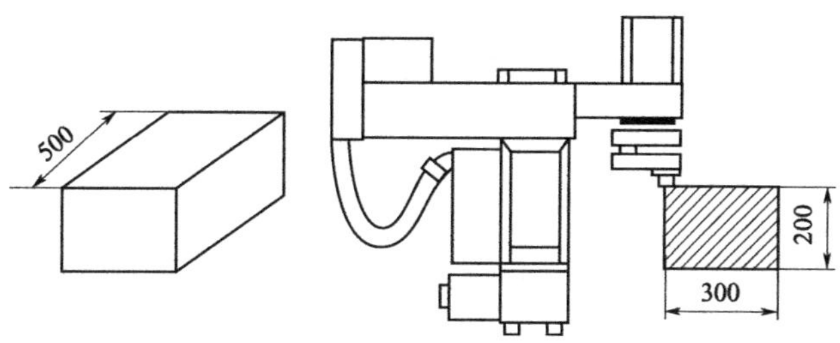

图 8-18　直角坐标型弧焊机器人

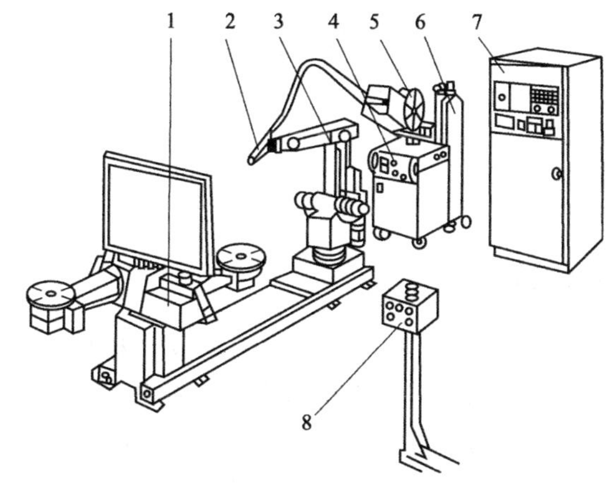

图 8-19　焊接工作站
1—多自由度焊接工作台；2—焊枪；3—弧焊机器人本体；
4—焊接控制器及焊接电源；5—走丝机构；6—保护气体瓶；
7—机器人控制装置；8—操作盘

备等组成的焊接工作站。

为了提高焊缝（特别是长焊缝）的精度，发展了一种先进的三维激光焊缝识别及跟踪装置（图 8-20）。其工作原理是将轻巧紧凑的跟踪装置安装在弧焊机器人焊枪之前，点弧前该装置的激光发射器对焊缝起始处进行扫描，引弧后，边前移焊接，边横向跨焊缝扫描，由激光传感器获取焊缝的有关数据（如焊缝形式及走向、焊缝诸横截面各处深度等），将数据输入机器人控制装置中进行处理，并与存入数据库中的焊缝模型数据进行比较，把实时测得数据与模型数据之差值作为误差信号，去驱动机器人运动，修正焊枪的轨迹，以提高焊接精度。英国曾把激光视觉焊缝跟踪装置装在 Adept One 焊接机器人上，在直径为 2.8m，长度为 3m 火箭外罩的 TIG 焊接中获得精度为 0.08mm 的焊缝。

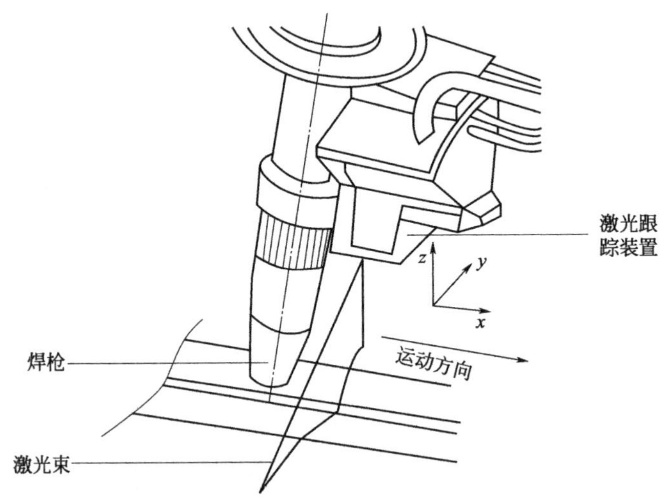

图 8-20　三维激光焊缝识别及跟踪装置示意图

8.3.2　弧焊机器人控制系统

弧焊机器人控制系统在控制原理、功能及组成上和其他类型机器人基本相同。其控制系统参数列于表 8-7。弧焊机器人周边设备的控制，如工件上料速度及定位夹紧、送丝速度、电弧电压及电流、保护气体供断等的调控，设有单独的控制装置，可以单独编程，同时又和机器人控制装置进行信息交换。由机器人控制系统实现焊接工作站全部作业的协调控制。

表 8-7　弧焊机器人控制系统主要参数

控制器类型	MCS6000 多处理机系统、MAS-410、计算机等
接口	RS232,RS422
语言	ARLA,INFORM、SCAL、英语等
示教方式	示教盒,键盘、离线示教
控制方式	PTP、CP,有直线圆弧插补
焊缝跟踪	大多有

(1) 弧焊机器人控制系统的硬件系统组成方案

整个系统主要包括三个部分：主控计算机与单片机接口系统；实时控制系统；实时控制系统与被控对象之间的接口电路。硬件结构组成的方案如图 8-21 所示，主控计算机 IBM PC 将主要完成各关节运动的轨迹生成运算，并将机器人末端执行器笛卡儿坐标转换为关节坐标，向单片机发出控制指令，将运算出的各关节运动信息数据送到公用 RAM 中。第二级伺服控制级主机选用 8098 单片机。该级单片机主要完成接收主机发给的位置运动控制指令，并接收关节运动数据，对关节伺服系统进行实时控制。主机与五片单片机之间通过公用 RAM 来互通数据和控制命令。下面将以腰关节为对象，讨论其设计过程。整个实时控制系统如图 8-21 中虚线框所示，以一台 16 位 8098 单片机为核心，由电流、速度和位置反馈电路、12 位 D/A 转换电路、PWM 脉宽调制电路和整形四倍频电路等组成。控制回路与驱动放大电路和主回路之间由光电耦合电路隔离。为了提高系统工作的可靠性，还增加了截流保护电路和延时保护电路。

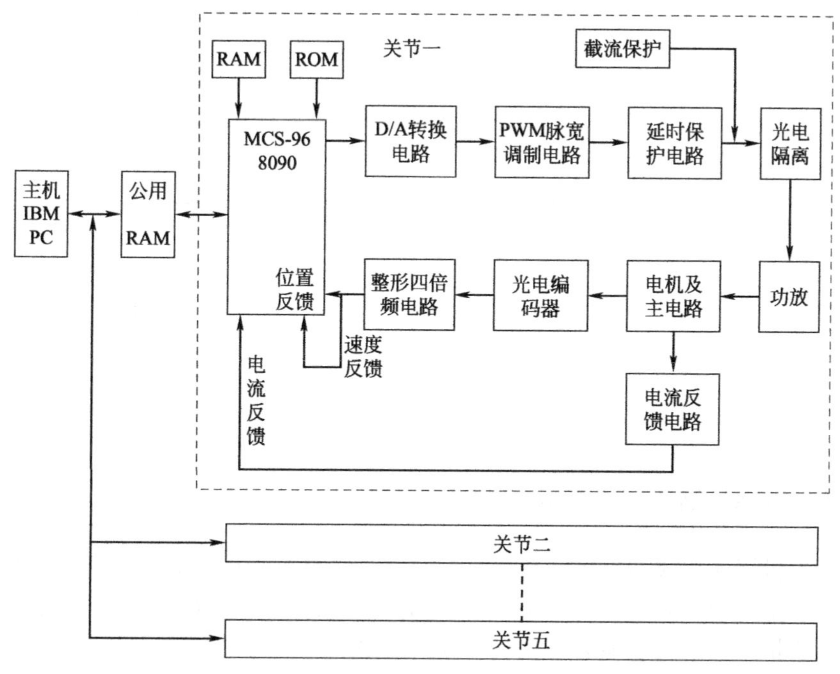

图 8-21 弧焊机器人控制系统结构框图

(2) 弧焊机器人控制系统的软件设计

由 8098 单片机通过软件实现弧焊机器人在以连续轨迹运动时（指焊接作业时）的电流调节器、速度调节器和位置调节器运算；在空程运动时实现位置调节器和前馈补偿运算，使系统的硬件电路大为简化，使调节器的结构和参数调整方便、灵活。所设计的主程序框图如图 8-22 所示。IBM PC 主机不仅送出腰关节的一组位置数据，还向 8098 单片机送电机状态字，不同的状态字指定电机的不同工作状态。电机状态字为一个字节，第 0 位为“1”表示进行停机处理，第 1 位为“1”表示进行空程运动处理，第 0 位、第 1 位都为“0”，进行焊接运动处理，第 2 位表示电机转向，“1”为正转，“0”为反转。

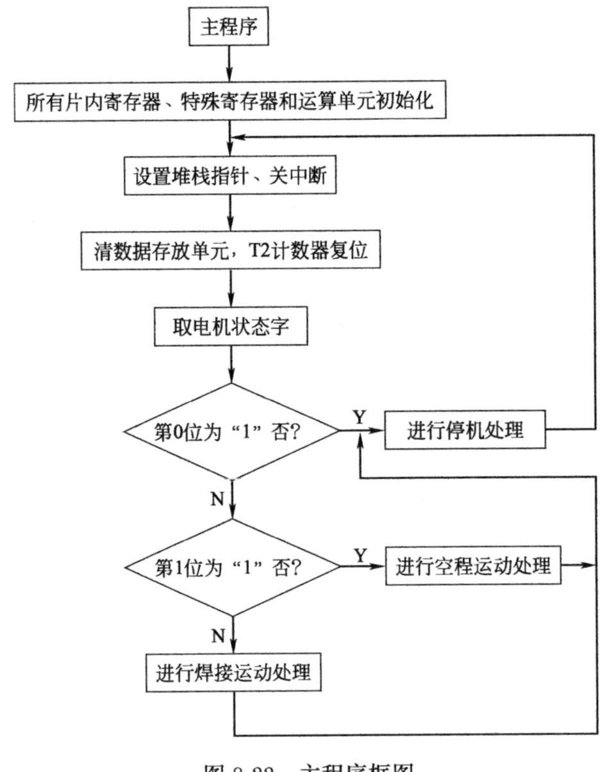

图 8-22　主程序框图

8.3.3　弧焊机器人应用实例

弧焊机器人在我国已应用在汽车、自行车、汽车千斤顶等大批量机械产品的自动焊接生产中。如天津自行车二厂采用国产机器人焊接自行车前三脚架，提高了产品质量，并获得了显著的社会、经济效益。

GRJ-G1 弧焊机器人及控制系统、双工位回转工作台及夹具、焊接设备及其他附属设备见图 8-23。GRJ-G1 弧焊机器人的技术参数见表 8-8。

表 8-8　GRJ-G1 机器人技术参数

结构形式	自由度	腕部最大负载	驱动方式	位置重复度	操作方法
空间多关节式	6	50N	直流伺服电动机	±0.2mm	示教再现

双工位回转工作台，可手动操作回转 180°，中间加隔板，工人在一边上、下料，另一边机器人施焊。气动定位锁紧，回转夹具出现误动作时，机器人不动作以保安全。

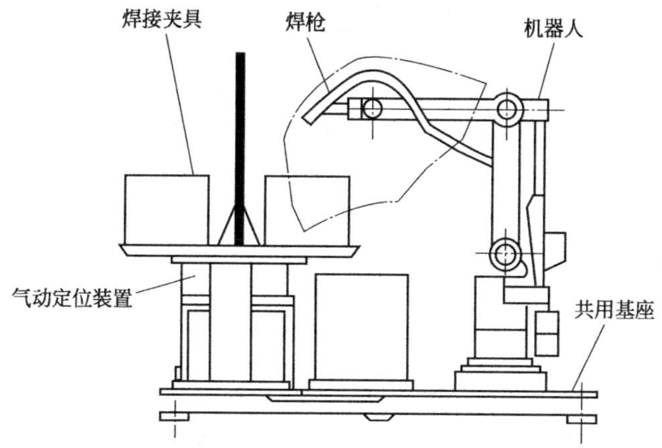

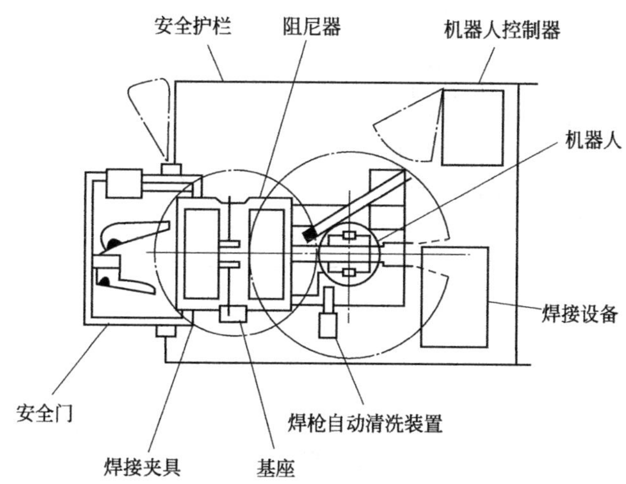

图 8-23　GRJ-G1 弧焊机器人及控制系统、双工位回转工作台及夹具、焊接设备及其他附属设备

8.4 搬运机器人

8.4.1 搬运机器人的结构

搬运机器人的臂结构有直角坐标式、空间关节式、水平关节式和龙门式。表 8-9 是搬运机器人的主要技术参数。

(1) 空间关节式

图 8-24 是我国研制的 GRJ-G2 机器人。这种机器人是空间关节式，结构紧凑，负载大，臂的平衡采用弹簧平衡和配重平衡。主要技术参数为：控制轴为 6

表 8-9　搬运机器人的主要技术参数

机构形式	主要是关节型、门式、SCARA 型，其他形式各有少量
轴数	一般 4～6 轴，范围 1～10 轴
重复度	±(0.05～0.5)mm 约占 70%，范围为±(0.01～2)mm
负载	100～1000N 为多，范围为 10～25000N
速度	1～2m/s 居多，范围为 0.25～25000N
驱动方式	DC、AC 伺服驱动约占 80%，电液驱动较少

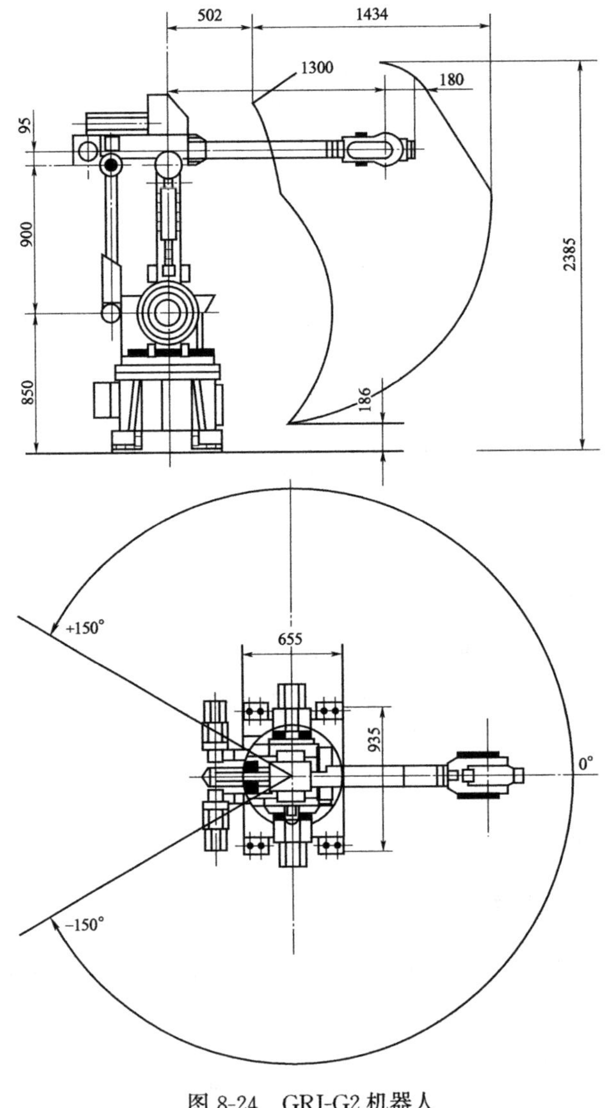

图 8-24　GRJ-G2 机器人

轴；最大负载 600N；位置重复度±0.5mm；驱动方式为交流伺服电动机；位置控制方式为 PTP。

(2) 水平关节式

日本 FANUC 公司制造的 M400 型机器人（图 8-25）采用水平关节型臂结构。这种机器人结构较简单，便于制造，适合主体运动在平面内的搬运作业。其主要技术参数：自由度数为 4；最大负载 500N；位置重复度±0.5mm；驱动方式为交流伺服电动机；搬运机器人的末端执行器由于搬运对象不同而不同，主要有钳爪式和吸盘式。

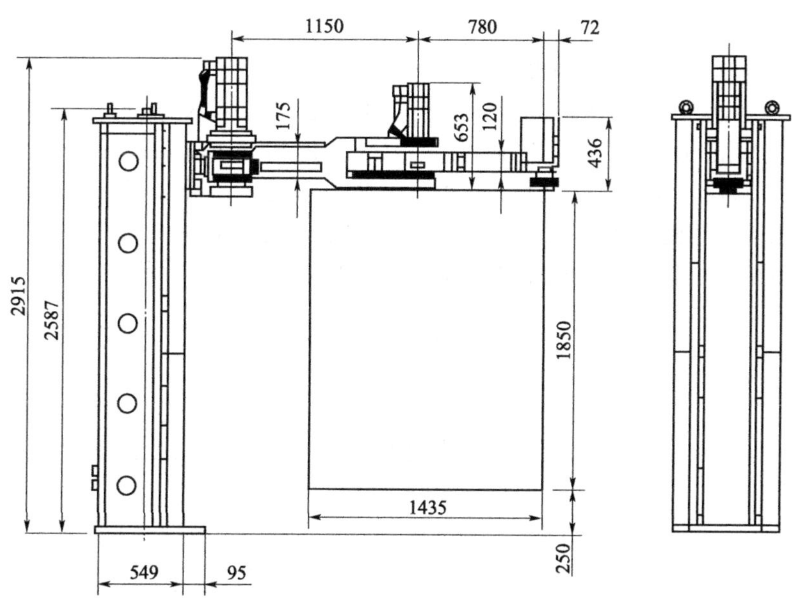

图 8-25　M400 型机器人

8.4.2　搬运机器人控制系统

根据搬运作业的特点，机器人搬运过程的初始点和要达到定位点的位置和姿态都要进行控制，两定位点之间的轨迹不需要控制。所以一般搬运机器人采用点位（PTP）控制。由于用户需要搬运的物料质量不同，机器人负载也不同。在机器人出厂前，无法把伺服系统调至最佳控制，因此，搬运机器人伺服系统配置数字 PID 调节器，用户可以根据搬运负载调整伺服系统参数，使伺服系统达到良好的动态品质和位姿精度。

搬运机器人工作中有堆垛作业。堆垛有行堆和方堆两种方式，要实现这种功能，控制系统必须设计根据几个示教参考点而完成有规则堆垛的控制程序。

搬运机器人工作时，必须与周边设备按相应的顺序工作。在控制系统有若干

I/O 控制接口时，通过这些接口可实现顺序控制和与周边设备的互锁控制。搬运机器人控制系统参数列于表 8-10。

表 8-10　搬运机器人控制系统参数

控制方式	PTP 为多，兼有 CP
语言	ARLA、VAL Ⅱ 等 20 多种，也有专用的及用户定的
接口	RS232 及 RS422，MAP、并行接口
示教方式	手动或数据输入

(1) 控制系统硬件结构设计

① 主控制器系统　使用 BECKHOFF 的 CX1030 嵌入式控制器作为主控制器，内置 Windows CE 操作系统。Twin CAT PLC 是 BECKHOFF 一种实时多任务 PLC 软件，支持 IEC61131-3 全部 5 种编程语言，最多可设 16 个 PLC 任务，本系统只用到其中一个软 PLC 的两个任务。控制器有 RS232、Ether CAT 接口，也可扩展其他形式的总线接口。系统结构如图 8-26 所示。

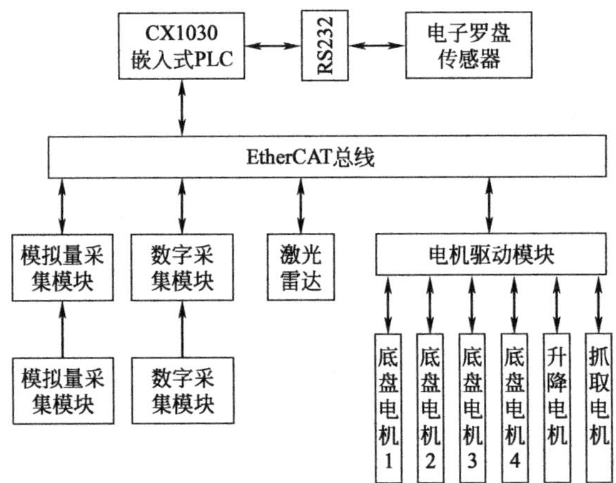

图 8-26　控制系统结构图

② 传感器系统　选择 roto Scan ROD4 PLUS 激光雷达探测目标物体的外形和位置。该型雷达探测的扇形区域约 190°，扫描线间隔 $\theta=0.36°$，探测距离约为 50m。激光雷达每 20ms 扫描一次，其扫描示意图如图 8-27 所示。扫描得到的数据包含角度值和距离值，通过 Ether CAT 总线传输给主控制器。

激光雷达只能检测机器人前方一定高度处的物体，无法检测地面的情况，因此在搬运机器人底盘的前后左右四个方向各布置一组光电传感器用作地面环境检测。光电传感器输出高电平为 5V，经继电器转换为 24V 的开关信号后连接至数

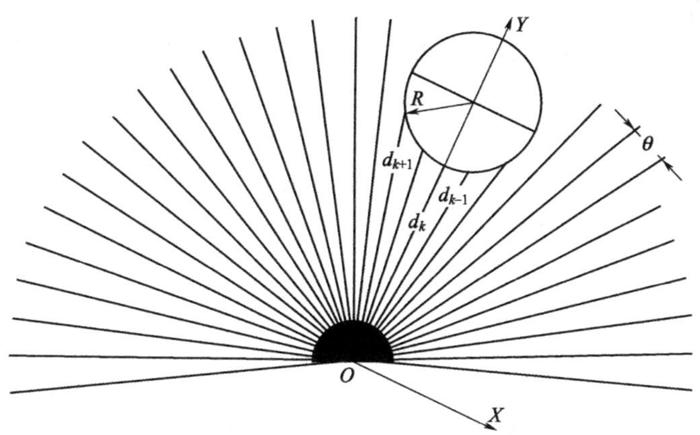

图 8-27　激光雷达扫描示意图

字量输入模块。由于机械加工和装配产生的误差，机器人在开环状态直线行走时会偏离预期方向，选用 GY-26 数字罗盘模块，通过磁传感器中 X 轴和 Y 轴同时感应的磁分量，计算出方位角度，作为机器人的方向。此罗盘通过 RS232 协议与控制器 CX1030 通信。此外，在机器人需要转弯时，该罗盘检测转过的角度，保证机器人行走方向正确。在机械手的四个手指内侧各安装一组压力应变片，用于检测抓取物体的力度，保证能抓稳物体的同时不会损坏物体。压力应变片 R_1 与另外三个电阻 R_2、R_3、R_4 构成的桥式电路，与 LM324 芯片构成仪表放大器，其原理如图 8-28 所示。经放大后的信号传送到模拟量采集模块。该电路由两级差分放大电路构成，具有高共模抑制比、高输入阻抗、低噪声、低线性误差、设置灵活和使用方便等特点。

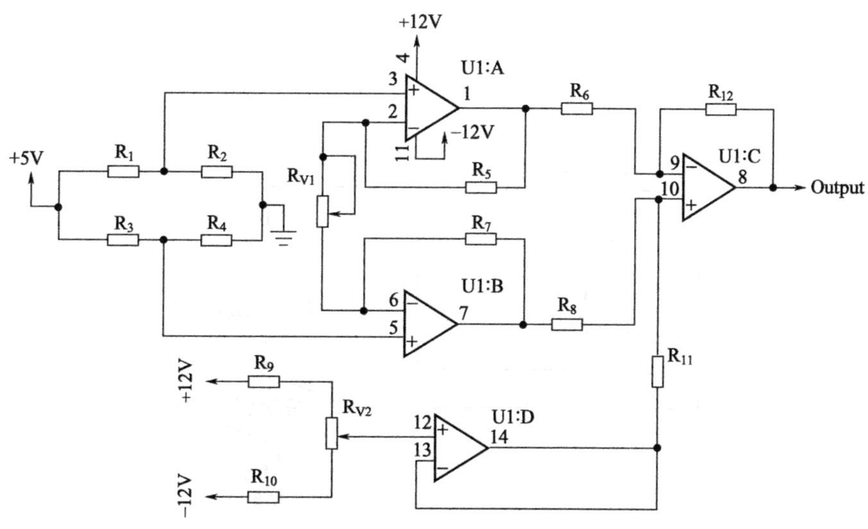

图 8-28　压力检测电路

③ 电机驱动系统　机器人底盘有四个全向轮，四个 AM3121 直流伺服电机经减速机减速后直接与轮子连接。机器人手臂的升降和机械手的张合分别由 AM3111 直流伺服电机驱动。驱动电机的 EL7201 是一种模块化的伺服驱动器，速度环和位置环都使用 PI 控制器，电机响应速度快，遇负载扰动时可快速恢复稳定。用于升降的同步带和控制机械手的伺服电机都工作在位置模式，因此机器人手臂升降的高度和机械手的力度都可以达到较满意的控制精度。

(2) 软件结构设计

控制系统软件与硬件电路紧密结合共同实现对搬运机器人的控制。系统主要包含主程序（图 8-29）、物体探测子程序、机械手定位子程序（图 8-30）和抓取子程序（图 8-31）。程序用符合 IEC61131-3 标准的结构化文本语言（ST）编写。由于嵌入式软 PLC 可以划分多个任务，激光雷达扫描得到的数据量较大，为保证程序的运行效率，将物体探测子程序作为一个任务执行，其他的子程序和主程序作为另外一个任务运行。执行硬件初始化后，机器人手臂升起到待抓取位，采集当前手指的压力传感器信号作为测量参考值。硬件初始化完成后进入探测子程序。由于激光雷达安装的位置略低于车轮，对测量范围有遮挡，所以截取 20°～170°的数据作为有效探测数据。图 8-27 表示了探测到物体的一般情形。d_k 为当前最近点，当 d_{k+1} 与 d_{k-1} 相等时，以 d_k 的方向作为 Y 轴建立坐标系 XOY。待搬运的物体是半径为 R，高度为 H 的圆柱体。由圆的方程：

$$R=\sqrt{X^2+(Y-d_k-R)^2} \tag{8-5}$$

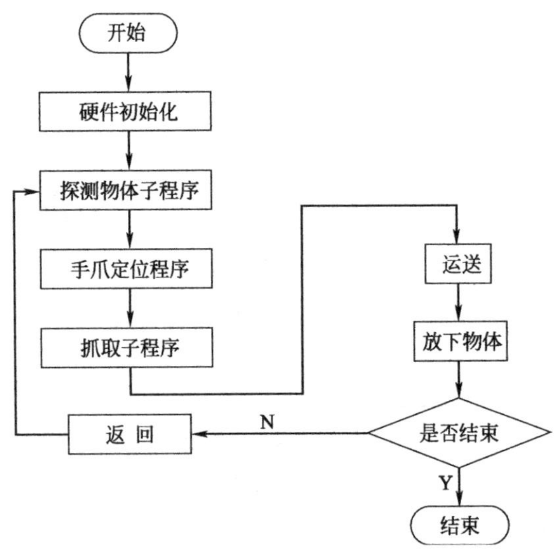

图 8-29　主程序流程图

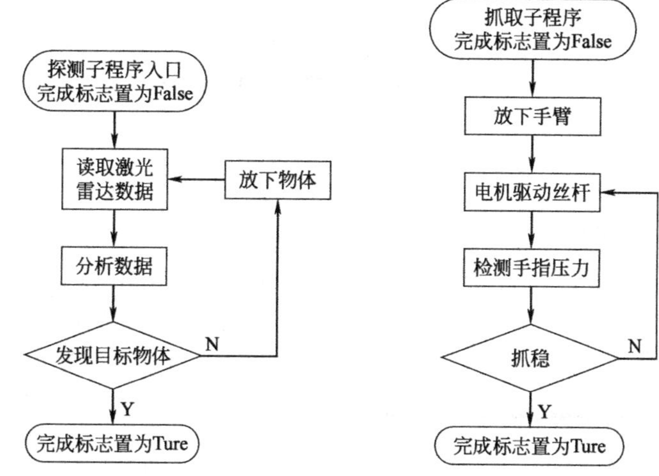

图 8-30　机械手定位子程序流程图　　图 8-31　抓取子程序流程图

得出：

$$R_{k+1}=\sqrt{d_{k+1}^{2}\sin^{2}\theta+(d_{k+1}\cos\theta-d_{k}-R)^{2}} \tag{8-6}$$

若式(8-6) 计算的结果满足式(8-7)，则判定该点在圆上，其余点以此类推。

$$R=R_{k+1}\pm\Delta r \tag{8-7}$$

式中，Δr 为误差范围。

$$2\arcsin\frac{R}{R+d_{k}}=n\theta \tag{8-8}$$

式(8-8) 计算得出的 n 为圆柱体范围内探测点的总数，作为边界条件。以探测到的距离最小值 d_k 为中心检查两侧的点，若范围内的点均在拟订的圆上，则判定该物体为待抓取的目标物体。根据探测到的物体位置，首先调整机器人手臂的方向，使物体位于手臂的正前方。然后调整机器人与物体的距离，将机械手置于物体的正上方。机械手抓取时，压力应变片测得的压力反映机械手对物体是否抓取牢。抓取牢固后升起手臂，将物体运至指定地点放下。

8.4.3　搬运机器人应用实例

① 图 8-32 是一个耐火砖自动压制系统，它由压力机、搬运机器人和烧成车组成。制造耐火砖时，把和好的耐火材料送入压力机，经过模压后，使耐火材料成砖的形状，搬运机器人从压力机中把砖夹出，在烧成车上堆垛，然后把烧成车同砖送入炉中烧烤。搬运机器人的主要作业是从压力机中取出砖块，按堆垛要求，把砖块堆放在烧成车上。机器人与压力机、烧成车按一定顺序作业，并保持一定的互锁关系。

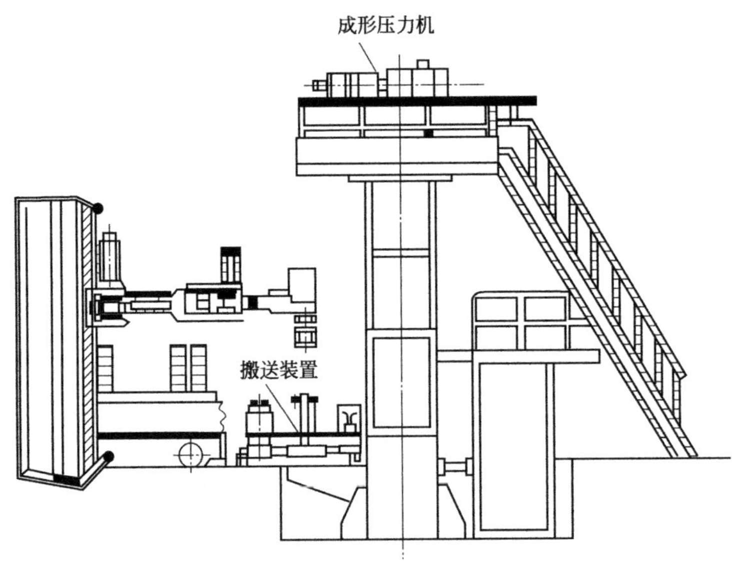

图 8-32 耐火砖自动压制系统

② 耐火砖自动压制系统参数为：机器人型号 M400 型；成形压力机为 10000kN 液压压力机；夹持装置为带平行夹持缓冲机构；耐火砖 18 种，50～170N/个；工作节拍压制成形 30s；堆垛 198；堆垛精度±1mm。

搬运耐火砖过程中，要求机器人工作平稳，保证运行速度，柔性操作，并能适应由于砖厚、硅砂散布造成的尺寸变动。

8.5 装配机器人

8.5.1 装配机器人结构

装配机器人的结构主要是保证其有较高的速度（加速度）和较高的定位精度，包括置复性和准确度，同时要考虑装配作业的特点。由于装配作业的种类繁多，特点各不相同，所以，可以是典型工业机器人结构中的任意一种。从装配作业的统计数字上看，与插装作业相关的作业占装配作业的 85%，如销、轴、电子元件脚等插入相应的孔，螺钉拧入螺孔等。以装配作业为主的工业机器人以直角坐标型和关节坐标型为主。在关节坐标型中，又分为空间关节型和平面关节型，见表 8-11。

SCARA 是英文 selected compliance assen-bly robot arm 的缩写，意为“可选择柔性装配机器人手臂”，其特点为采用平面关节型坐标机构。机器人一般为四个自由度，其中两个自由度（手臂 1 和手臂 2，见图 8-33）θ_1、θ_2 的运动构成

表 8-11 装配机器人的结构及参数

坐标形式		平面关节	空间关节	直角坐标
典型结构简图				
性能参数及特点	重复精度	高，±(0.01～0.05)mm	中，±(0.05～0.3)mm	高，±(0.005～0.5)mm
	速度	高，2.2～11.3m/s	中，0.5～2.2m/s	低，0.5～1.5m/s
	工作范围	中、小，根据臂长决定	大，相对于臂长	大、中、小，根据臂长决定
	负载	小、中，10～100N	小，中，典型 50N	大、中、小，根据臂长决定
	编程控制	简单(运动学逆解简单)	难(运动学逆解复杂)	简单
	机械结构	简单	复杂	简单，中等复杂
	造价	低	高	中，高

其平面上的主要运动。垂直方向的运动有两种不同的形式，如图 8-33 所示。SCARA 机器人安装空间小，易与不同应用对象组成自动装配线。其结构在平面运动上有很大的柔顺性，而在其垂直方向又有较大刚性（与一般空间关节型机器人相比），因此，很适合插装作业。由于插装作业占装配作业很大比例，所以 SCARA 机器人在装配机器人中也占了很大比例。

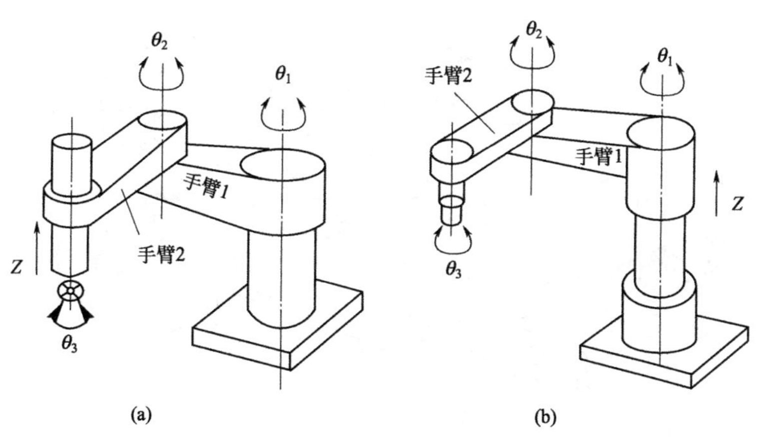

图 8-33 SCARA 型结构机器人

8.5.2 装配机器人的驱动系统

装配机器人的控制精度要求比其他类型的工业机器人高，因此，装配机器人的驱动系统结构主要是要满足精度要求。另一方面，由于装配机器人比其他机器人要求更高的速度和加速度，所以驱动系统又要考虑能获得高速的要求，特别是离线编程技术的应用对机器人提出的要求。因此，由直接驱动电动机（DD 电动机）及其配套高分辨力编码器组成的驱动单元，在装配机器人结构中采用得越来越多了。而且，DD 驱动系统特别适于 SCARA 结构。

装配机器人的控制系统特点主要有以下三个：

① 高速实时响应性。在装配机器人作业时，有各种各样的外部信号，要求机器人实时响应，如视觉信号、力觉信号等。

② 较多的外部信号交互通信接口。

③ 与复杂的多种作业相适应的人机对话技术。与其他机器人相比，装配机器人由于其所对应的作业范围广，作业复杂，所以更需要较强的人机技术软件。装配机器人都配备了机器人专用语言。这正是由于装配机器人的应用范围广，作业对象复杂，机器人生产厂家必须对用户提供易学、易操作的控制、编程方式才行。

8.5.3 装配机器人应用实例

(1) 用机器人装配电子印制电路板（PCB）

日本日立公司的一条 PCB 装配线，装备了各型机器人共计 56 台，可灵活地

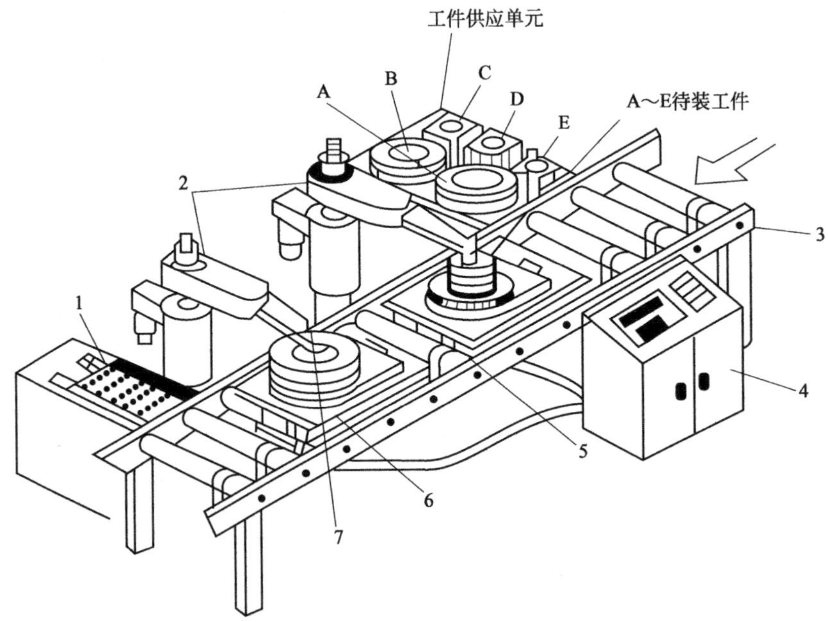

图 8-34 机器人装配计算机硬盘的系统

1—螺钉供给单元；2—装配机器人；3—传送辊道；
4—控制器；5—定位器；6—随行夹具；7—拧螺钉器

对插座、可调电阻、IFI线圈、DIP-IC芯片和轴向、径向元件等多种不同品种的电子元器件进行PCB插装。各类PCB的自动插装率达85%，插装线的节拍为6s。该装配线具有自动卡具调整系统和检测系统，机器人组成的单元式插装工位既可适应工作节拍和精度的要求，又使得线的设备利用率高，装配线装配工艺的组织可灵活地适应变化的要求。

(2) 用机器人装配计算机硬盘

用两台SCARA型装配机器人装配计算机硬盘的系统如图8-34所示。它具有一条传送线，两个装配工件供应单元；一个单元供应A～E五种部件，另一个单元供应螺钉。传送线上的传送平台是装配作业的工作台。一台机器人负责把A～E五个部件按装配位置互相装好，另一台机器人配有拧螺钉手爪，把螺钉按一定力矩要求安装到工件上。全部系统是在超净间安装工作的。

8.6 冲压机器人

8.6.1 冲压机器人的结构

(1) 嘴结构

① 直角坐标冲压机器人结构　直角坐标机器人一般有水平和垂直运动两个自由度，适合于面积较大的板材的搬运，对水平、垂直运动可以进行编程控制，机器人一般挂装在压力机上。美国Danly Machine生产的Danly上料/下料机器人见图8-35，其主要性能参数为：最大负载890N；水平行程2794mm；垂直行程610mm；位置准确度±0.13mm；驱动方式为伺服电动机。

② 曲柄连杆-曲线导轨冲压机器人结构　这种机器人通过伺服电动机驱动滚珠丝杠带动螺母往复运动，曲柄连杆使两组平行四连杆机构在曲线导轨的约束下运动，实现升起、平移、落下动作。这种机器人的特点是结构简单，造价低，质量小，便于悬挂在压力机上工作。PR1400冲压机器人（见图8-36）采用了曲柄连杆-曲线导轨机构。这种机器人主要性能参数是：额定负载245N；水平行程1400mm；垂直行程1800mm；工作频率15次/min；位置准确度±0.2mm。

③ 复合缸步进送料机器人结构　这种机器人采用双气缸复合增速机构，用双手爪步进送料。其特点是速度高，适合小板料冲压加工快速上下料。图8-37是这种机器人的机构。图8-38所示的CR80-I型冲压机器人用于电动机硅钢片的冲压加工上下料作业。CR80-I型冲压机器人主要技术参数为：额定负载10N；工作频率<34次/min；送料行程800mm；送料速度1000mm/s；自由度数2；抓取方式为真空吸附；最大工件尺寸ϕ325mm×0.5mm。

(2) 末端执行器结构

冲压机器人的末端执行器即手爪一般采用吸盘式手爪。

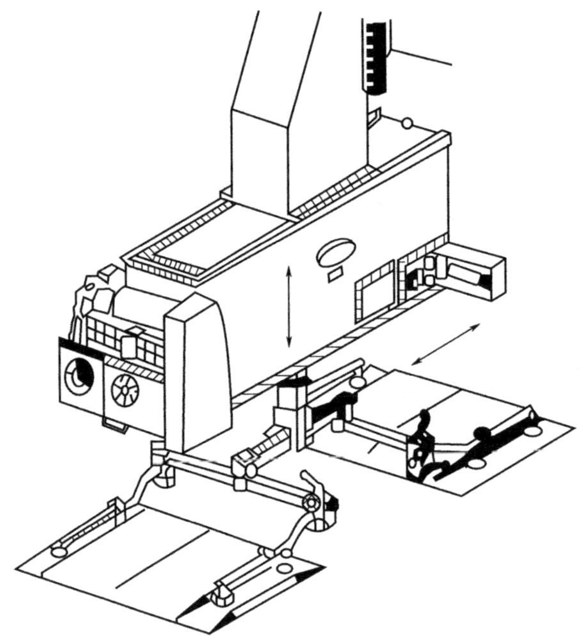

图 8-35　Danly 上料/下料机器人

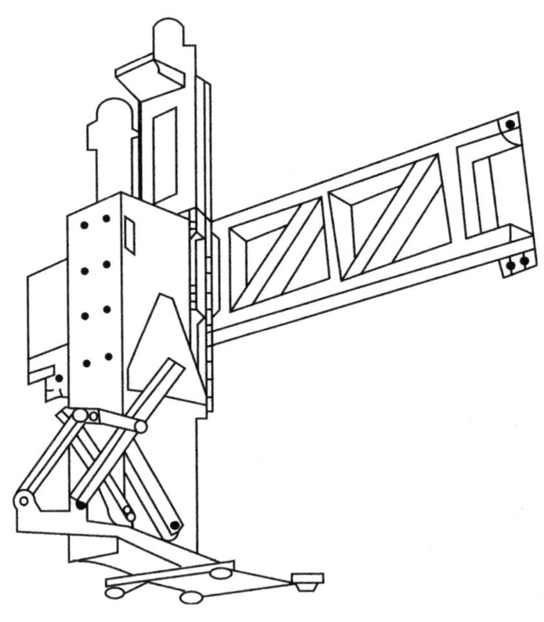

图 8-36　PR1400 冲压机器人

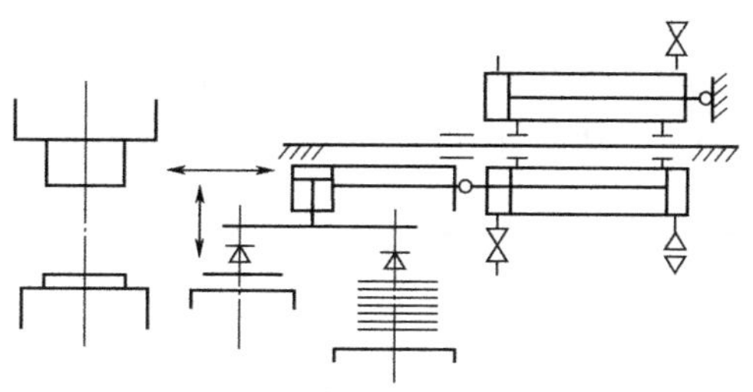

图 8-37 复合增速机构

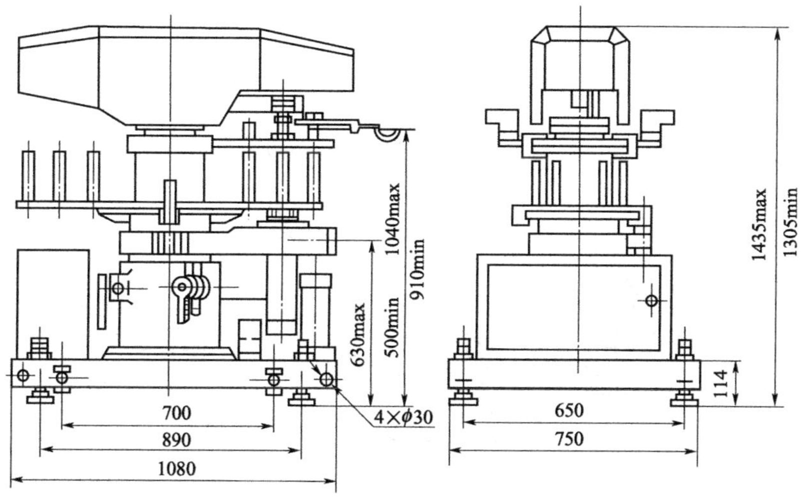

图 8-38 CR80-I 型冲压机器人

① 真空吸盘 见图 8-39，真空吸盘用真空泵把橡胶皮碗中的空气抽掉，产生吸力。特点是吸力大，工作可靠，应用较普遍。由于这种吸盘需要真空泵系统，成本较高。

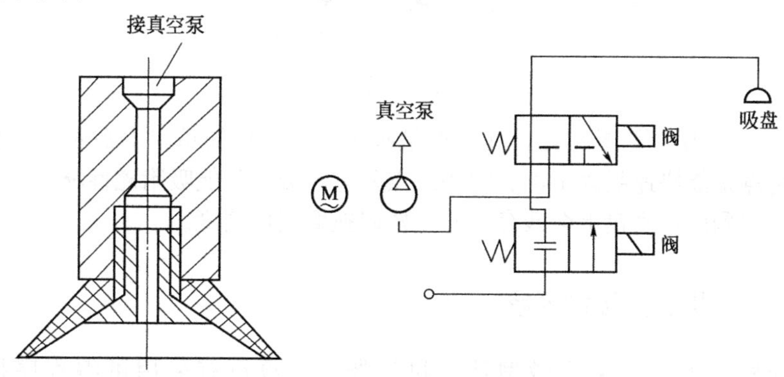

图 8-39 真空吸盘及控制原理

② 气流负压吸盘　见图 8-40，这种吸盘利用气流喷射过程中速度与压力转换产生的负压，使橡胶皮碗产生吸力。关掉喷射气流，负压消失。其特点是结构简单，成本低，但噪声大，吸力小些。图 8-41 是吸盘的典型应用结构。

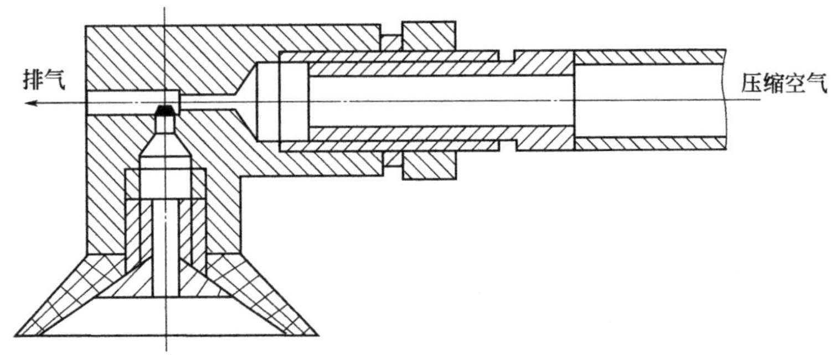

图 8-40　气流负压吸盘结构

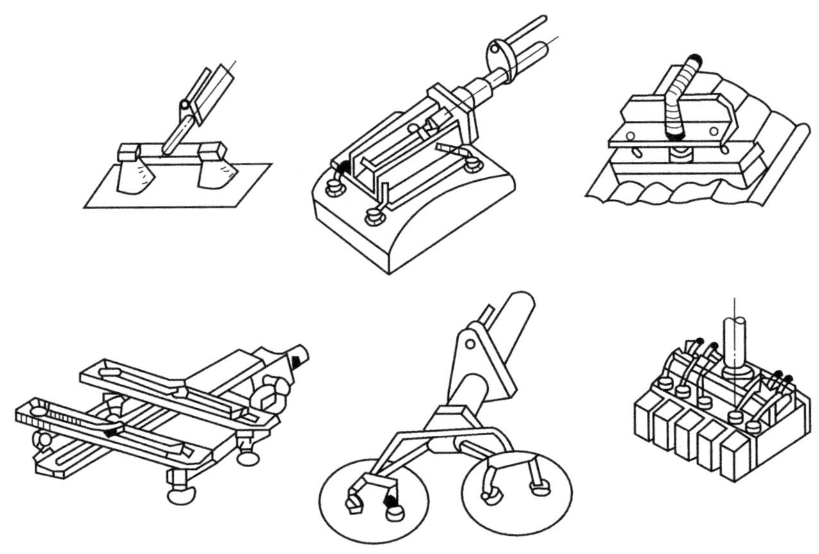

图 8-41　吸盘典型应用结构

③ 电磁吸盘　见图 8-42，其特点是吸力大，结构简单，寿命长。这种吸盘的另一优点是能快速吸附工件。它的缺点是电磁吸盘只能吸附磁性材料，吸过的工件上会有剩磁，吸盘上会残存铁屑，妨碍抓取定位精度。

8.6.2　冲压机器人控制系统

冲压机器人一般采用微型计算机控制，少数也有采用可编程序控制器（PLC）控制。冲压机器人控制系统及机械结构参数列于表 8-12。

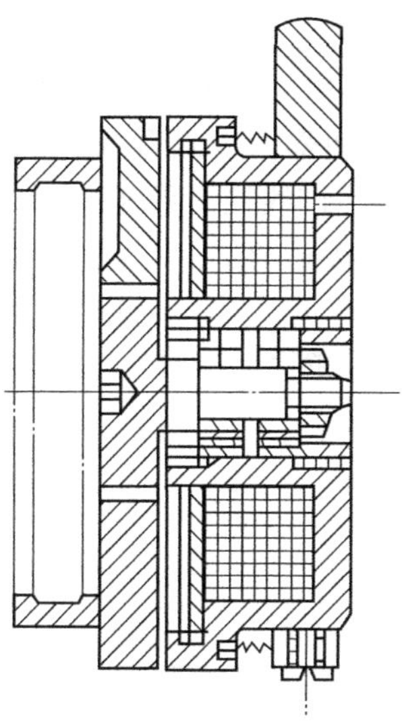

图 8-42　电磁吸盘结构

表 8-12　冲压机器人控制系统及机械结构参数

结构形式	关节式占 50%左右,还有门式
驱动方式	DC、AC 伺服驱动占 80%以上
轴数	5～6 轴为主,范围 1～10 轴
重复性	一般±(0.1～0.5)mm,范围±(0.01～0.5)mm
负载	一般为 100～5000N,范围 12～20000N
速度	1m/s 为多,范围为 0.25～15m/s
语言	ARLA、PASCAL、BASIC、汇编等 20 余种
控制方式	主要有 PTP,少量有 CP
控制器	主要有工业控制计算机及 PLC

(1) 控制系统架构设计

机器人冲压自动线控制系统由连线控制系统、监控系统和安全防护系统三大部分组成。连线控制系统用于整条自动生产线流程的控制，采用 PROFIBUS 现场总线技术分层控制架构，采取西门子 S7-300 PLC 作为控制系统主站。监控系统采用工业 WinCC 组态软件，基于工业以太网构成客户机/服务器模式（Client/Server）用于整个冲压生产流程的监控。安全防护系统则相对独立于连线控制系统和监控系统，用于整条生产线的安全控制。

(2) 硬件系统网络结构现场网络组态

冲压机器人控制系统基于 PROFIBUS 现场总线技术，采取西门子 S7-300 PLC 作为控制系统主站，六台机器人、六台压机、一台涂油机、一台螺母焊机作为从站，对整个机器人冲压生产线控制系统进行设计，并实现多机器人与多压机的协调作业。同时，PLC 连接触摸屏。在触摸屏上设置启动、急停等控制命令通过 PROFIBUS-DP 总线发送至机器人、压机等现场设备，以及设备的状态、故障点等信息通过总线反馈至触摸屏，图 8-43 是整个机器人冲压生产线的控制系统的硬件网络组态。

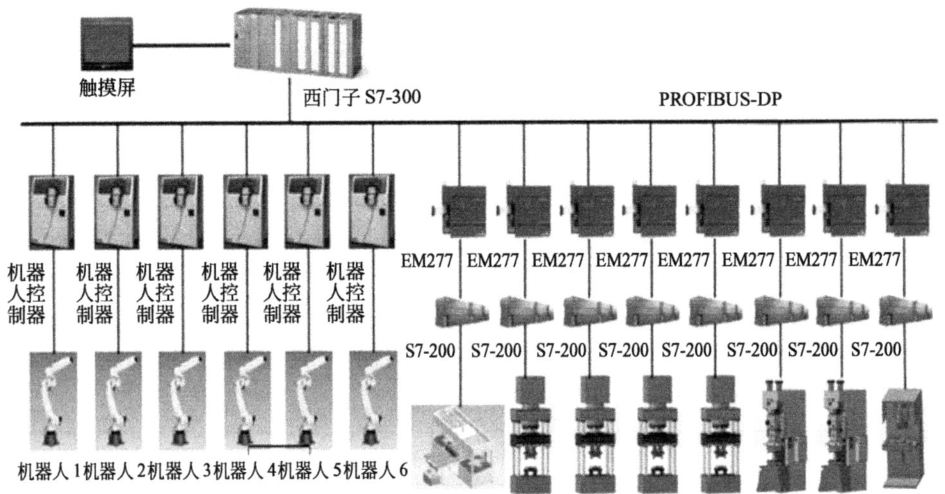

图 8-43 控制系统的硬件网络组态

机器人冲压生产线的控制系统设计进行实时控制，能够可靠地完成与机器人互相协调运作，因此，为了实现压机的实时控制和监控，与总控通信是极其重要的。为了满足生产需求以及对压机的控制，提出以下有关的压机与总控通信要求：

① 压机输出给总控要求

a. 压机在允许响应总控命令的操作模式下，“准备就绪”信号在工作中一直处于接通状态。

b. 包括自身急停在内的所有类型报警，均通过一个报警信号给总控，报警处理后，在压机端自行清除报警。

c. 压机在上电后尚未接到总控的作业指令前，“作业完成”信号为“OFF”状态，从接到第一次作业指令开始，每完成一次作业后“作业完成”信号为“ON”，直到收到下一个作业命令时复位，作业完成后再次接通。

d. 工作中，压机端按“急停按钮”后，压机端自行解除自身报警，并调整上下模到初始位置，调整完毕切换至可响应总控命令模式，此时“作业完成”信号为“ON”。

② 总控输出给压机要求

a. 压机接收保持 2s 的作业指令，进行一次循环的作业任务。

b. 总控端按“急停按钮”后，压机实现急停，并同时将压机输出给总控要求中的 b. 项报警给总控。总控端的急停处于按下状态，压机端自行调整至初始位置，并切换至可响应总控命令状态，此时“作业完成”信号为“OFF”。总控端旋起急停按钮并进行报警复位，可以继续进行作业命令控制，当压机收到作业指令并完成一次作业后“作业完成”信号为“ON”。

c. 压机收到“停止”命令后，完成当前作业，且“作业完成”信号为“OFF”。当总控端再次发出作业指令后，压机执行相应作业任务，作业完成后“作业完成”信号为“ON”。

(3) 软件系统程序结构控制

软件作为控制系统功能实现的软体，整个控制系统的设计都需要借助软件实现，其中包含控制系统对生产数据的记录和处理、控制系统通过设计的通信方式实现人机实时交互功能、设备的逻辑工序运行实现、生产状态实时监控和报警处理等。因此，机器人冲压生产线软件的可靠设计决定着生产线的逻辑控制工序，也是整个系统能够安全生产的前提。

软件控制主要通过选用西门子 S7-300 PLC 实现对整个机器人冲压生产线的逻辑控制。系统的程序设计过程为：整体的生产需求分析，生产线中存在的问题解析，程序架构的整体设计，程序资源分配，程序编码，对已完成的程序投入现场验证可行性、可靠性、实时性以及安全高效性。依据程序设计过程对冲压生产线软件控制系统进行分析，整个控制系统的控制逻辑流程如图 8-44 所示，从控制流程可以看出，当系统上电以后，系统初始化程序运行，检查生产线现场所有的设备是否就绪，如压机动模是否在最大行程处，机器人是否在初始位姿等待处；当所有设备就绪以后，操作者可根据需要选择手动模式进行针对性生产或者选择自动模式自动化生产。若选择手动模式，则程序执行手动运作方式；若选择自动模式，则按照工序需求，依次启动现场设备运作，并且互相配合循环运作。

8.6.3　冲压机器人应用实例

冲压机器人可以用在汽车、电机、电器、仪表、日用电器等工业中，与压力机构成单机自动化冲压和多机冲压自动线。图 8-45 为正在作业中的冲压机器人。

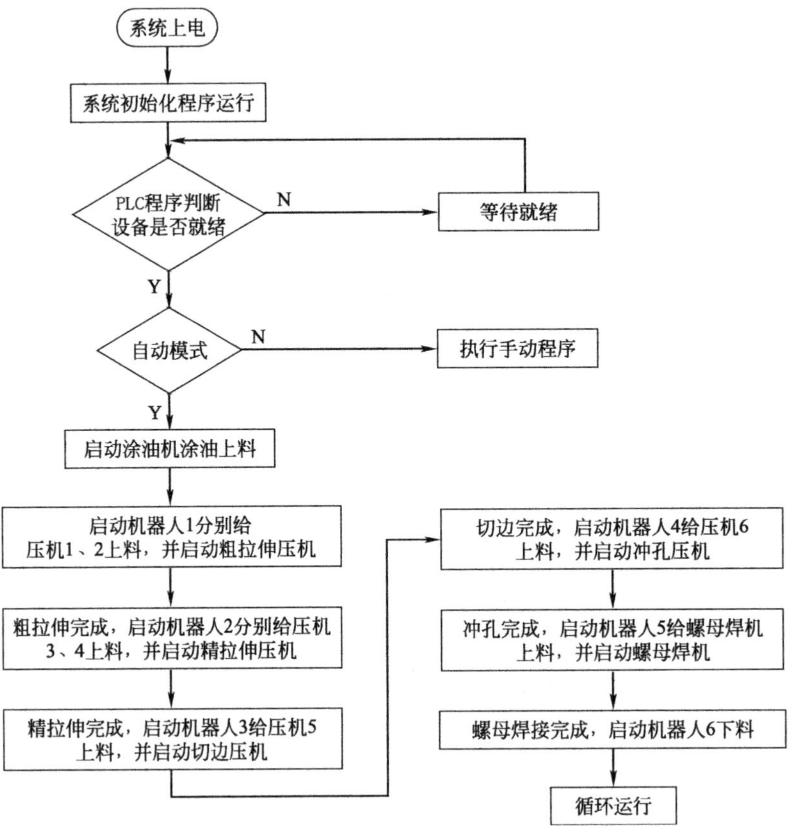

图 8-44　软件系统控制流程

(1) 冲压机器人在应用中的几个问题

① 在冲压加工自动线上，每天可能更换 2～3 种冲压工件。对于不同的工件，冲压工作盘不同，为了提高生产率，压力机的工作频率也不同。机器人必须适应在不同的频率下与压力机同步工作，保持节拍一致。

② 在冲压加工中，机器人的上、下料动作必须与压力机压下、拾起动作互相协调，并且要有一定的时间差保证机器人与压力机不干涉和碰撞。同时，机器人与压力机和辅助设备必须有互锁功能，以保证设备安全。

③ 缩短上、下料时间是提高生产率的关键。机器人必须工作平稳，减少工件振动，快速定位，才能快速完成上、下料动作。

(2) 机器人在汽车工业冲压加工中的应用

美国克莱斯勒公司的一条车门冲压自动线采用了 10 台 Danly 上/下料机器人，用于冲压加工中的上、下料作业。冲压自动线由压力机、机器人、翻转机和传输机组成（图 8-46)。其主要技术数据为：工件名称车门里板；工件尺寸

图 8-45　正在作业中的冲压机器人

12880mm×1640mm×0.9mm；冲压工序数 5；生产率 600 件/h；压力机数量 5 台；机器人数量 10 台；取料机数量 1 台；翻转机数量 1 台；水平旋转机数量 2 台；传输机数量 3 台。

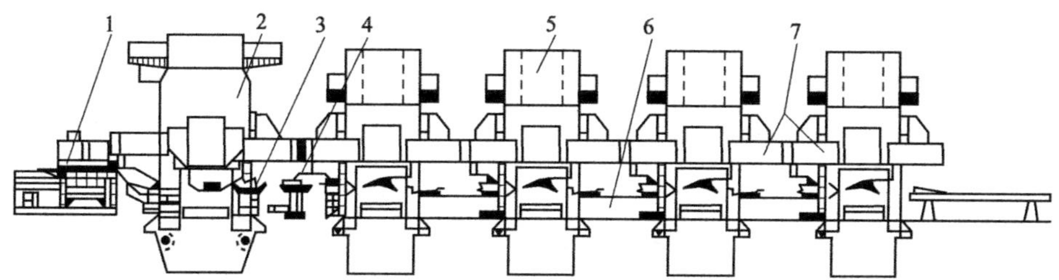

图 8-46　车门冲压自动线

1—取料机；2,5—压力机；3—水平旋转机；4—翻转机；6—传输机；7—机器人

8.7　压铸机器人

8.7.1　压铸机器人的结构

压铸机器人（图 8-47）属搬运机器人的一种，但必须适应高温、多尘的作业环境。其机械结构形式与大多数搬运机器人类同，见表 8-13。

表 8-13　压铸机器人机械结构

机构类型	直角坐标型、球坐标型、圆柱坐标型、关节型；还有其他球坐标加关节型、圆柱坐标加关节型、直角坐标加关节型、SCARA 型（平面关节型）龙门式等

续表

轴数	1～11
机器人质量	11～3000kg
额定负载	10～15000N
定位装置	机械挡块、接近开关、编码器等
末端执行器类型	真空吸盘(垫、杯)、磁性、三点式夹持器、各类机械夹钳、夹爪、工具握持器、软接触夹持器、各类通用夹持器,用户要求的专用夹持器
安装方式	地面安装占90%以上,其他有悬吊、墙壁安装等方式

图 8-47　压铸机器人

8.7.2　压铸机器人控制系统

压铸机器人控制系统的类型见表 8-14，压铸机器人的其他性能指标见表 8-15。

表 8-14　压铸机器人控制系统

控制系统类型	工控计算机、微处理器,其他还有小型计算机、继电器式、计算机数控、PLC、步进鼓及专用控制系统等
控制方式	PTP(点位居多)、CP(连续轨迹少量)
示教方式	手持示教板(示教盒),其他有字母数字键入、自动读入、离线示教等
机器人语言	梯形图、汇编语言,计算机高级语言、VAL

续表

驱动系统类型	气压、液压、DC 伺服；其他还有 AC 伺服、步进电动机驱动
动力源	各类机器人自定
传感功能	零件检测、接近觉、视觉、轨迹跟踪、触觉；其他还有移动选择、激光检查等
与环境同步	多数机器人具有此功能

表 8-15　压铸机器人的性能指标范围

分辨率	±(0.0001～2)mm
准确度	±(0.005～2)mm
重复度	±(0.001～2)mm
工作空间	随机器人结构类型而不同
速度范围	0～11m/s，大多数压铸机器人速度可编程

(1) 系统硬件设计

压铸机实时监控系统需要实现对三级压射的控制，包括慢压射控制、快压射控制、增压过程控制。

下面仅以快压射控制为例，介绍其中的主要硬件设计。

① 快压射接近开关动作检测电路设计　压铸机实时监控系统中需要完成对多个开关量的检测，根据检测结果完成对压铸机的控制，各个检测电路原理基本相同。根据检测数据变化的频率不高的特点，设计中选用了 TLP521 光耦进行光电隔离。为了提高检测电路的稳定性，防止光耦误动作，电路中使用了稳压管 4148 进行稳压，同时在输出端使用了 RC 滤波电路，提高抗干扰性。整个快速压射开关信号检测信号电路如图 8-48 所示。

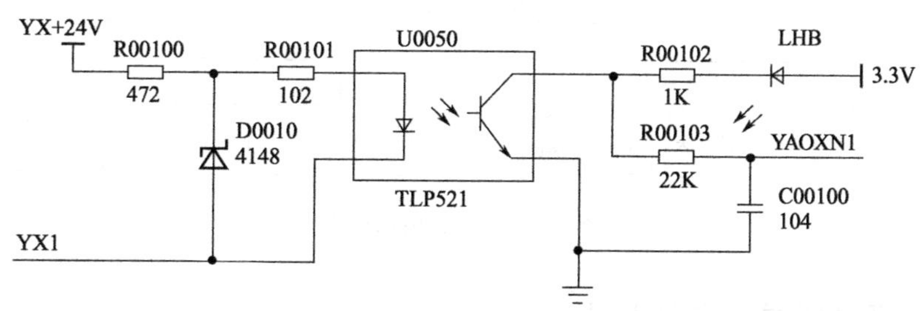

图 8-48　开关信号检测信号电路

② 快速压射速度检测通道电路设计　快速压射工艺本身时间较短，在几十毫秒内即可完成整个过程。所以对压射速度检测需要较高的实时性。根据这一要求，本节中选用了输出脉冲频率较高的旋转编码器实现对速度信号的检测。检测

电路使用高速光电隔离器 6N137 完成信号隔离，同时为了提高芯片的稳定性，在 6N137 电源引脚与地之间使用 104 的电容进行滤波。快速压射速度检测通道电路设计如图 8-49 所示。

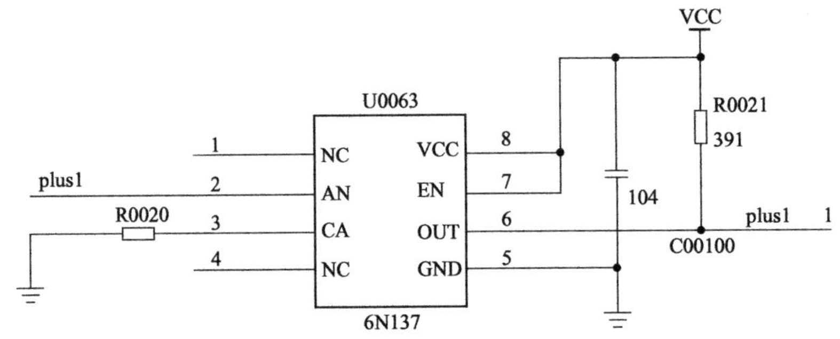

图 8-49 快速压射速度检测通道电路设计

(2) 系统软件设计

压铸机实时控制系统软件设计使用 ADS1.2，在 Windows 环境下完成，运用了 C 与 C++混合编程的方式进行编程，这样可以更好地提高开发效率。软件设计采用模块化的方式进行，各个模块相互独立。整个系统的主要功能模块划分如图 8-50 所示。整个系统的软件部分中，主程序实现的主要逻辑功能可以划分为两部分，一部分完成系统的初始化任务，另一部分通过循环的方式，不断查询整个系统的工况信息，处理数据，完成控制。系统主程序流程图如图 8-51 所示。

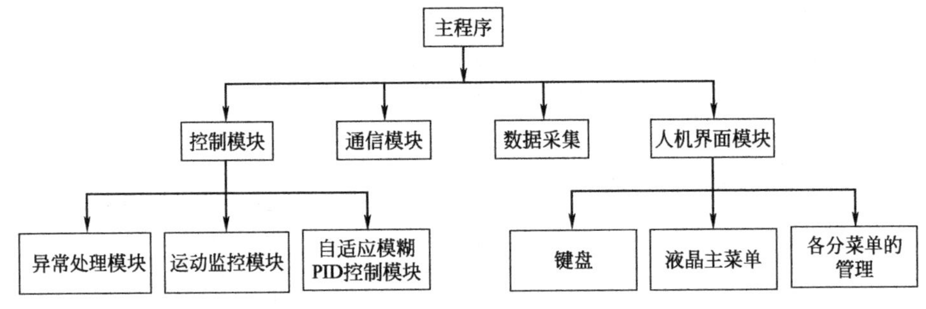

图 8-50 系统功能模块

8.7.3 压铸机器人应用实例

压铸机器人是在恶劣环境下 24h 代替人工操作的极好的例子。目前用于压铸的机器人大多是通用型机器人，专门用于自动压铸系统的机器人为数极少，LMART 系列机器人是其中具有代表性的一种，该系列自 20 世纪 70 年代推出，

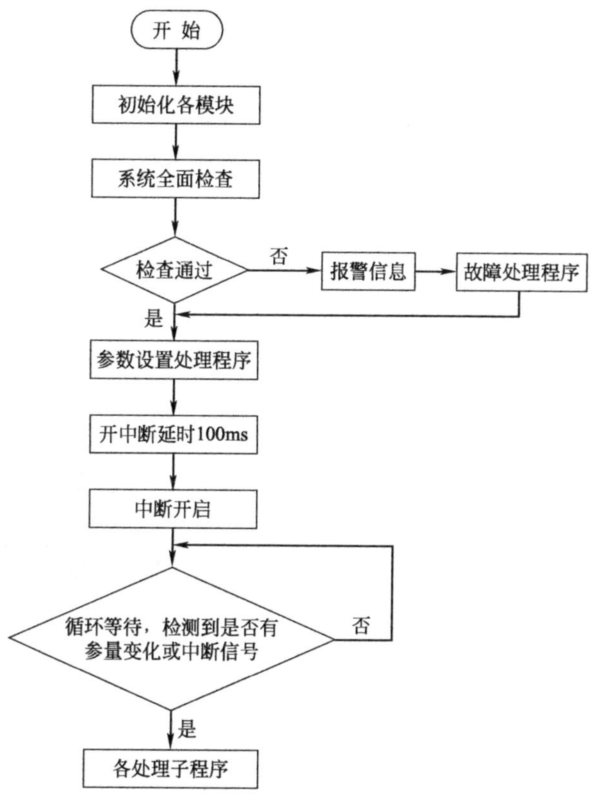

图 8-51　主程序流程图

至 90 年代已开发出三代型号，用于 800kN、1250kN、1500kN、2500kN 压铸机，进行汽车零件等的压铸生产。一般来说，引入压铸机器人的条件至少包括以下各项：

① 力求将自动浇注机、压铸机、机器人、切边压力机、堆垛装置连成一系统。

② 要有足够的工作空间，既不影响机器人的动作，又不妨碍更换金属模的作业。

③ 机器人及系统选择要满足生产节拍的要求。

④ 除特殊要求外，夹持器应尽量通用化并具有适当强度（以防搬运中工件脱落变形）。

⑤ 具有检测工件的手段。

⑥ 具有一定的安全保证措施。

作业系统的平面布置与构成应随不同的生产要求而定。压铸机器人应用实例见图 8-52。

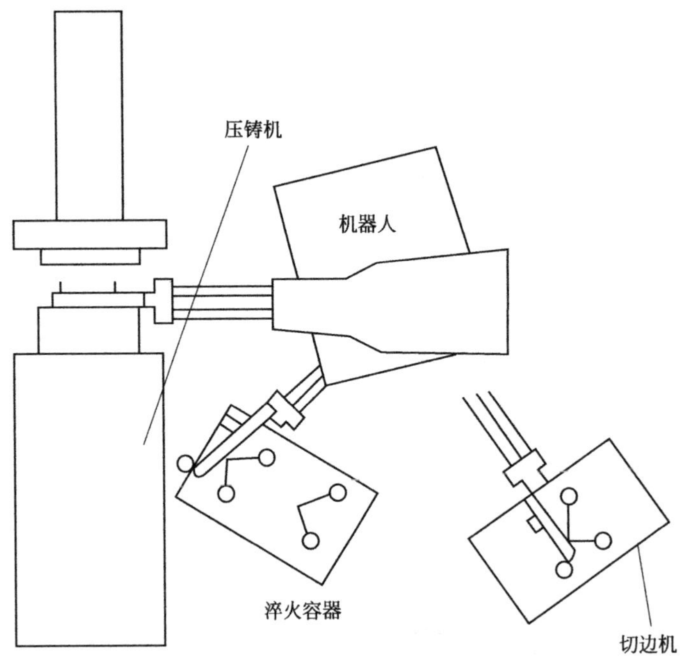

图 8-52　压铸机器人应用实例——取工件、淬火、切边

参考文献

[1] 龚仲华等. 工业机器人从入门到应用. 北京：机械工业出版社，2016.

[2] 王东署，朱训林等. 工业机器人技术与应用. 北京：中国电力出版社，2016.

[3] 韩建海等. 工业机器人. 第3版. 武汉：华中科技大学出版社，2015.

[4] 叶晖. 工业机器人典型应用案例精析. 北京：机械工业出版社，2013.

[5] 叶晖，管小清等. 工业机器人实操与应用技巧. 北京：机械工业出版社，2013.

[6] [美] Gordon McComb，Myke Predko. 机器人设计与实现，庞明译. 北京：科学出版社，2008.

[7] 谢存禧等. 机器人技术及其应用. 北京：机械工业出版社，2012.

[8] 牛志斌. 高职工业机器人技术专业建设探讨. 职业教育研究. 2016（10）：33-36.

[9] 蒋庆斌，朱平，陈小艳. 高职院校工业机器人技术专业课程体系构建的研究. 中国职业教育，2016（29）：61-65.

[10] 邓建南. 高职院校开设工业机器人技术专业的现状及发展前景. 艺术设计与理论，133-135.

[11] 胡红生. 机器换人产业背景下的地方高校应用型人才培养模式. 实验室研究与探究，2016（3）：186-188.